NOUVEAU
LANGAGE DES FLEURS

CHATILLON-SUR-SEINE. — IMPRIMERIE E. CORNILLAC

NOUVEAU
LANGAGE DES FLEURS

PAR

Mlle EMMA FAUCON

PARIS

THÉODORE LEFÈVRE, ÉDITEUR

RUE DES POITEVINS

Ⓒ.

NOUVEAU
LANGAGE DES FLEURS

INTRODUCTION

LES VÉGÉTAUX

Chez tous les peuples de la terre il existe un livre sacré, une tradition ou une légende qui raconte la création du monde. Partout on montre un Dieu créateur, unique, tout-puissant, réunissant les éléments épars de l'univers, les groupant et formant les mondes qui gravitent dans l'espace en parcourant les distances infinies. Puis, après une immensité de siècles, les terres se séparent des eaux, la lumière brille, l'air entoure le globe qui marche incessamment, et les conditions de la vie s'établissent. Jusque-là, la matière inerte a seule existé ; mais bientôt la terre aride et nue se couvre de mousses, de fougères, de graminées ; les eaux sont peuplées de fucus, d'algues et de varechs ; une nouvelle phase de la création s'est montrée, en préparant une autre plus grande. Le règne végétal existe et par lui pourront vivre les poissons et les insectes qui se nourrissent de feuilles et de graines ; puis viendront les oiseaux qui trouveront un abri et des matériaux pour leurs nids, et une subsistance dans les fruits et les insectes. Plus tard, les animaux domestiques, ces futurs compagnons du labeur de l'homme apparaîtront paissant les prairies herbeuses, et quand l'homme, au dernier souffle du Créateur, élèvera son front vers les cieux, il trouvera la terre peuplée d'êtres vivant sous l'ombrage épais des forêts qui les abritent et les nourrissent.

Il n'est donc pas étonnant que, dès la plus haute antiquité, les arbres et les plantes aient été l'objet de l'admiration, du culte ou de la superstition de l'homme qui, sous ces diverses formes, exprimait la reconnaissance qu'il ressentait pour leurs bienfaits.

Les arbres furent ses premiers abris naturels, les fruits sa première nourriture, les fleurs les premières joies de sa vue et de son odorat.

Du suc des végétaux, il tira ses premiers remèdes, il les adora ; de ces mêmes sucs il vit sortir des poisons terribles, il trembla devant eux. Dans les uns il logea les esprits bienfaisants, dans les autres il relégua les puissances malfaisantes.

C'est au milieu des forêts les plus sombres et les plus impénétrables qu'il plaça les autels de ses dieux en dédiant à chacun d'eux les plantes qu'il croyait posséder des propriétés en rapport avec l'objet de son respect ou de sa crainte.

Dès lors, chaque végétal fut un symbole, et Noé comprit que Dieu couvrait de sa protection les habitants de l'arche quand la colombe rapporta le rameau d'olivier, symbole de paix.

Les anciens Hindous attribuaient à chaque plante une vertu secrète ; les mystères les plus terribles de leur religion sanguinaire se célébraient au fond des forêts ; sous le figuier des Banians aux branches pendantes en milliers d'arceaux et de colonnes, s'assemblaient les Thugs ou étrangleurs qui désolaient le pays et qui ornaient le front de leur déesse cruelle avec les fleurs mortelles de l'upas-tieuté et de l'antiar.

Chez les Égyptiens, la fleur du lotus était vénérée, sa large corolle s'épanouissait en paix sur les eaux sacrées du Nil, ce fécondateur de l'Égypte.

L'histoire des Hébreux, les livres des deux Testaments et les légendes qui s'y rattachent parlent souvent des fleurs et des arbres ; il suffit de rappeler la baguette de Moïse, la rose de Jéricho, le jardin des Oliviers, le roseau et la couronne d'épines de la Passion, la branche de lys ou d'amandier de saint Joseph, l'achillée de Jésus enfant et l'emblème de la rose mystique.

Les Grecs donnaient des plantes pour attributs à la plupart de leurs dieux ; le chêne était dédié à Jupiter, l'olivier à Minerve, le laurier à Apollon, le cyprès à Pluton, le myrte et la rose à Vénus, et il est étonnant que, connaissant la sensitive, ils n'en aient pas fait l'attribut de Diane, la déesse de la chasteté.

La forêt de Dodone, en Epire, renfermait un oracle des plus fameux ; elle était dédiée à Jupiter. Sous ses noirs ombrages vivaient des prêtresses qui ne communiquaient avec aucun mortel. Au milieu de ce bois redouté s'élevait un chêne immense, nommé *l'arbre fatidique* ; les prêtresses interrogaient le bruit du vent dans ses branches, le son rendu par le choc de vases de cuivre suspendus dans son feuillage, ou le chant des colombes cachées sous son ombrage, et en interprétaient les prophéties les plus respectées et les plus accréditées.

La forêt d'Erymanthe, les bois d'Idalie, de Cythère, de Paphos et cent autres, étaient l'objet de la terreur et de la vénération des Grecs.

Les mêmes croyances et les mêmes usages se retrouvent dans l'histoire de la Rome antique. Les Gaules et la Germanie étaient couvertes de forêts épaisses, où les Druides avaient établi leur demeure. Là aussi, le chêne consacré au dieu Thor se dressait devant l'autel où s'accomplissaient les sacrifices humains, sous les yeux des prêtresses couronnées de verveine. Chaque année, la cueillette du gui sacré avait lieu avec une solennité toute particulière. Le nom de la forêt d'Irminsul, en Germanie, n'était prononcé qu'avec effroi ; ses arbres étaient l'objet d'une vénération générale ; au centre, s'élevait la statue d'Irminsul, costumé en guerrier saxon, et c'était en cet endroit que se préparaient les expéditions militaires. Il fallut que Charlemagne, en 772, détruisît cette statue et occupât la forteresse qui la défendait et la forêt qui l'entourait, pour enlever aux Germains leur ferme croyance dans la puissance de leur idole.

En se rapprochant de notre temps, ne voit-on pas en Orient, comme au centre de l'Europe, les plantes servir à la manifestation des sentiments de toute nature? En Asie, les sélams ou bouquets de fleurs symboliques, servent aux correspondances amoureuses; ils portent tour à tour la prière, les serments, l'espérance, le bonheur ou le désespoir.

Au moyen âge, les châtelaines brodent des fleurs sur les écharpes des preux chevaliers qui combattent pour faire triompher les couleurs qu'elles ont choisies; à Toulouse, les jeux floraux perpétuent ce culte des fleurs parlantes; Ophélia, entraînée par les eaux d'un courant perfide, meurt en effeuillant les fleurs qu'elle a cueillies sur les rives, et la douce châtelaine, dont un mari brutal et impitoyable veut empêcher la charité, voit le pain du pauvre se changer en roses à l'odeur suave.

Les Ondines du Nord, les Korrigans de la Bretagne, dont parlent les légendes, dansent au clair de la lune sur les prés fleuris, et le lendemain le sol est jonché de pétales des paquerettes que ces légers sylphes ont effeuillées en se jouant.

Il est superflu de citer encore d'autres faits à l'appui du rôle qu'en tout temps ont joué les plantes dans l'histoire des croyances, des superstitions et des sentiments de l'humanité. Ce qui ressort de ce qui précède, c'est que le langage symbolique des fleurs remonte à la plus haute antiquité, qu'il est né, en quelque sorte, avec les sociétés elles-mêmes, et que bien souvent, sous une forme futile, il cache une origine sérieuse qui échappe tout d'abord à l'analyse.

Le langage des fleurs est de toute éternité, et toujours un bouquet donné et reçu parlera au cœur et à l'imagination. A chaque fleur connue s'attache une idée dont elle est inséparable; toujours la rose signifiera beauté, la violette modestie, le lys majesté, la sensitive pudeur; comme le chêne sera l'emblême de la force, le cyprès celui de la douleur, et la primevère celui du printemps et de la jeunesse.

Avant de terminer, et pour montrer à nos lecteurs que partout les végétaux ont occupé l'imagination poétique des peuples les moins connus, nous rapporterons la légende suivante; elle nous a été communiquée par un intrépide voyageur, M. Lucien de Puydt, qui a exploré la Colombie dans toutes ses parties, et a publié de si remarquables travaux sur le percement d'un canal à travers l'isthme américain.

LES DEUX PALMIERS

LÉGENDE COLOMBIENNE

Au centre d'une vaste plaine boisée, antique demeure de la grande famille indienne des Chibchas, croissent deux immenses palmiers, dont la tête, couronnée de fruits savoureux, s'élève à une hauteur prodigieuse. Au milieu du bouquet de feuilles qui s'étend comme un large panache et sur chacun d'eux, est couchée une ravissante jeune fille aux yeux d'un bleu foncé, à la chevelure noire, épaisse et ondoyante, au corps souple et charmant. Toutes deux penchées en avant consultent l'horizon; elles tressaillent de joie car elles ont vu s'avancer deux jeunes guerriers, beaux, à l'air fier et résolu. De leurs voix harmonieuses elles invitent les voyageurs à venir se désaltérer au suc des fruits et à la liqueur divine qu'exsude le palmier.

— Viens dit la première; le tronc de l'arbre est facile à escalader; des lianes couvertes de fleurs aux parfums enivrants et de fruits savoureux l'entourent de leurs replis et te rendent le chemin plus facile; les colibris voltigeront autour de ta tête en faisant briller au soleil les milles feux de leur plumage, et le tourpiale te réjouira de ses chants mélodieux: Viens, accours où le plaisir t'appelle, viens partager ma solitude : le bonheur de la volupté t'attend.

— Viens, dit la seconde ; tu es fort et vigoureux, embrasse de tes jambes nerveuses le tronc de mon palmier ; nulle liane ne s'y accroche pour t'aider, les fruits et les fleurs sont au sommet de l'arbre ; leur parfum n'est pas enivrant, leur goût n'est pas fade et sucré, mais tous deux répareront tes forces allanguies ; la guêpe bourdonnera autour de ton visage, l'oiseau moqueur te saluera de son chant ironique et rendront ton chemin plus difficile : Viens, accours, où l'amour t'appelle, viens partager ma solitude : le bonheur de la vertu t'attend.

Les deux chasseurs sont au pied des palmiers ; ils hésitent, vont d'un arbre à l'autre, et toujours les deux voix descendent du ciel comme un concert divin.

— Viens donc, dit la première, l'oiseau du soir va chanter son refrain d'amour.

— Viens donc, dit la seconde, l'oiseau du jour bénit par son chant celui qui lui a donné la tendre famille qui s'abrite près de moi.

Les deux Indiens n'hésitent plus ; ils s'élancent chacun, et de leurs bras musculeux, de leurs cuisses nerveuses ils embrassent le tronc de chacun des palmiers ; ils échangent un regard, l'un de dédain, l'autre de compassion.

Ils montent : ici les fleurs épanouissent leurs corolles, les parfums se mêlent à la brise, les oiseaux voltigent en murmurant doucement, les fruits s'entrouvent et laissent tomber leurs sucs enivrants ; là, les épines font couler le sang, les guêpes au long dard bourdonnent furieuses, le moqueur s'élance à tire d'ailes en riant, la montée est rude.

Et cependant, ils arrivent en même temps, et de chaque côté une main leur est tendue.

Le premier s'est laissé séduire par le charme de la route facile, le second a surmonté tous les obstacles. Ils entrent sous le berceau verdoyant.

. . . .

— Maintenant, va-t'en ! dit une voix de femme.

Un cri terrible se fait entendre, un corps bondit dans l'espace et un cadavre sanglant tombe sur le sable.

— Maintenant, reste et sois heureux, dit une autre voix.

Un concert de chants joyeux sort de la feuillée et la brise embaumée entoure l'arbre de sa senteur pénétrante.

Le premier des palmiers, c'est l'arbre de la volupté.

Le second, c'est l'arbre de la vertu.

CALENDRIER DE FLORE

Janvier. — Peuplier blanc, Perce-neige, Violette.

Février. — Daphné (bois gentil), Lauréole, Noisetier, Anémone hépatique.

Mars. — Anémone sylvie, Narcisse, Primevère, Giroflée jaune.

Avril. — Tulipe, Impériale, petite Pervenche, Jacinthe, Lilas.

Mai. — Muguet, Filipendule (Spirée), Iris, Pivoine.

Juin. — Bluet, Nielle des blés, Pied d'alouette, Nénuphar, Pavot.

Juillet. — Menthe, Œillet, Catalpa, Laurier-rose, Chicorée sauvage.

Août. — Scabieuse, Balsamine, Laurier-tin, Magnolia, Myrte.

Septembre. — Cyclamen d'Europe, Réséda, Colchique d'automne, Lierre, Amaryllis jaune.

Octobre. — Chrysanthème des Indes, Topinambour, Aralia épineux.

Novembre. — Verveine, Éphémérine, Anémone du Japon.

Décembre. — Rose de Noël, Lopézie, Thlaspi d'hiver, Mousses.

LES MOIS

PENSÉE — SOUVENIR

LES MOIS

Janvier — Ellébore noir

LES Romains faisaient présider au mois de janvier, Janus à qui ils donnaient deux visages, l'un tourné vers l'Occident, l'autre vers l'Orient, pour désigner l'année qui finit et l'année qui commence. Comme père du temps, il était le dieu des douze mois. Le retour de sa fête était l'époque où les sénateurs prenaient des habits neufs, où l'on nommait de nouveaux consuls et où se renouvelaient les faisceaux des licteurs.

Dans les contrées du nord de l'Europe il est d'usage que, pendant ce mois, les gens riches envoient de chauds vêtements dans les cabanes du pauvre, car :

> Le chêne, des hivers tant de fois triomphant,
> Le chêne vigoureux crie, éclate et se fend,
> Le roi de la forêt meurt. Avec lui, sans nombre,
> Expirent les sujets que protégeait son ombre.

Février — Daphné, Bois gentil

Pendant ce mois les arbres sont encore dépouillés de leur feuillage, la nature semble morte et les campagnes sont désertes.

> Ah! plaignons le mortel qui, dans ce triste jour,
> Contraint de s'avancer vers un lointain séjour,
> Ne reconnaissant plus ni coteau, ni prairie,
> Traîne un pas égaré sur la neige qui crie.

Mais bientôt apparaît une petite fleur qui vient nous annoncer le retour des beaux jours et le *perce-neige* nous console quand la nature grelotte sous son blanc linceul.

Mars — Soldanelle des Alpes

Minerve, déesse du travail et de l'industrie était chez les Romains la protectrice du mois de mars, car c'est à cette époque que recommençaient les travaux interrompus par l'hiver.

On l'avait aussi dédié au dieu dont il porte le nom, parce que c'était dans ce mois que les armées romaines partaient pour leurs expéditions militaires.

> Tout germe devant lui, tout se meut, tout s'avive,
> L'onde étincelle et fuit d'une course plus vive ;
> La pelouse déjà rit au pied des coteaux :
> Partout un suc laiteux gonfle les végétaux.
> Ce fluide invisible errant de veine en veine,
> Sur les prés rajeunis fait monter la verveine,
> Qui demandait la paix au nom des rois vaincus ;
> Il bleuit l'hépathique, il dore le crocus,
> Et du plus doux parfum nourrit la violette,
> Humble fleur, qui déjà pare l'humble Colette.
>
> ROUCHER.

Avril — Tulipe odorante des jardins

Ce mois chez les Romains était consacré à Vénus, car il ramène avec lui la verdure, les fleurs et l'amour. Les hirondelles reviennent dans ce mois.

> La nature au lit se repose,
> Lui, descend au jardin désert
> Et lace les boutons de rose
> Dans leur corset de velours vert.
> Pour les petites pâquerettes
> Sournoisement, lorsque tout dort,
> Il repasse des collerettes,
> Et cisèle des boutons d'or.
>
> THÉOPHILE GAUTIER.

LE PRINTEMPS

> Doux printemps par qui la nature
> Voit renaître des jours plus beaux ;
> De nos prés la jeune verdure,
> Nous promet des trésors nouveaux.
>
> Alors la blanche pâquerette
> Ouvre son disque radieux :
> Et la tendre bergeronnette
> Redit son chant mélodieux.

Chaque jour une fleur nouvelle
Vient charmer nos cœurs et nos sens.
C'est ainsi que Dieu nous révèle
Ses bienfaits toujours renaissants.

ERNEST CLERGET.

Mai — Spirée filipendule

Tire son nom de la déesse Maïa, surnom donné à Cybèle ou la Terre.

Le mois de mai apporte la joie dans chaque pays. Les Grecs modernes, le premier jour de ce mois, couronnent de fleurs leurs portes ainsi que celles des personnes qu'ils aiment. Les jeunes gens vont la nuit chanter devant les fenêtres de leurs belles et quand l'une d'elles paraît, l'amoureux lui offre un bouquet de boutons de rose et de renoncules signifiant : *Ranimez mon espoir.*

La jeunesse de Rome se rend auprès de la fontaine Égérie et demande à cette nymphe de protéger ses amours.

En Angleterre on danse et l'on se réjouit.

Dans les villages d'Espagne, la veille du premier mai, on convoque toutes les jeunes filles afin qu'elles désignent celle d'entr'elles qui sera nommée Maïa ou reine de la fête. Aussitôt que le choix est fait, on ramène la reine chez elle.

Dès l'aurore tout le village, musique en tête, vient chercher la Maïa qui, habillée de blanc et couronnée de fleurs, est menée à l'église. Après la cérémonie religieuse, elle est promenée dans les rues, puis, revenue devant sa maison, elle s'asseoit sur un trône de verdure, ses compagnes forment un cercle autour d'elle et son amie intime lui présente une corbeille de fleurs.

Aussitôt chaque garçon qui désire être agréé par la Maïa s'avance et lui offre un bouquet emblématique. Elle le prend et lentement le laisse tomber jusqu'à ce qu'elle fasse connaître son choix en donnant à l'un d'eux une petite marguerite double qui signifie : *Je partage vos sentiments.* Le préféré l'échange contre un bouquet de liserons qui veut dire : *Ma fidélité ne se démentira jamais.*

La fête se termine par un bal. Ordinairement la Maïa épouse dans l'année celui qu'elle a choisi pour son roi.

Au printemps de la vie arrivent les beaux jours,
Le doux soleil de mai, les fleurs et les amours.

LA NUIT DE MAI OU LE PRINTEMPS

La fleur de l'églantier sent ses bourgeons éclore,
Le printemps naît ce soir; les vents vont s'embraser
Et la bergeronnette, en attendant l'aurore
Aux premiers buissons verts commence à se poser.
Poète : prends ton luth là-bas sur la pelouse,
Balance le zéphyr dans son voile odorant.
La rose vierge encore se referme jalouse
Sur le frelon nacré qu'elle enivre en mourant.
Ce soir tout va fleurir; l'immortelle nature
Se remplit de parfum, d'amour et de murmure.

ALFRED DE MUSSET.

Juin — Pavot, Coquelicot

Dans l'antiquité on célébrait le retour du mois de juin en faisant des sacrifices pour la prospérité des peuples et des biens de la terre. On rassemblait une grande quantité de bois qu'on allumait, puis on dansait autour de ces feux et les plus agiles sautaient par-dessus. En se retirant, chacun prenait un tison et le reste était jeté au vent, afin qu'il emportât tous les malheurs comme il dispersait les cendres.

Le christianisme a conservé l'usage de cette cérémonie et on la nomme Feu de la Saint-Jean.

Ce mois ramène aussi la cigale, et les paysans prétendent que plus le chant de ce petit insecte est vif, plus la récolte sera abondante.

L'été voit cependant un climat plus heureux
Sur qui le jour s'épanche en rayons amoureux ;
Où la nuit lumineuse et fraîche de rosée
Donne aux amants rêveurs la paix de l'Elysée.

Je vais suivre vos pas, enfants, jeunes bergères,
Qui cueillez en chantant les fraises bocagères.
Je pénètre avec vous ces fertiles réduits,
Où pendent aux rameaux les prémices des fruits,
En globes transparents la cerise vermeille,
La framboise odorante et la fraîche groseille,

L'abricot dont l'Euphrate enrichit nos climats,
Et la prune conquise aux plaines de Damas,
Et le melon pesant dont la feuille serpente ;
Doux fruit qui, dégagé de sa feuille rampante,
Sur sa couche exhaussée aux rayons du Midi,
Etale la grosseur de son ventre arrondi.

ROUCHER.

Juillet — Petite Centaurée des prés

Dédié à Jules-César

Chez les Athéniens ce mois commençait l'année, et ramenait tous les quatre ans les jeux olympiques, la fête la plus solennelle de toute la Grèce.

Les Égyptiens célébraient aussi dans ce mois la fête de l'inondation du Nil, pour obtenir du ciel que leur fleuve, en se répandant sur les campagnes, y amenât la fertilité.

La fraise, la framboise y groupent des massifs,
Que l'appétit fripon ne laisse point oisifs ;
La pêche, le pavi, la prune, la cerise,
Y semblent des cristaux d'une rosée exquise ;
La pomme s'y nourrit d'un suc acide et frais,
Que la poire fondante imite de fort près.

Août — Scabieuse des montagnes

Dédié à César-Auguste

Dans le mois d'août on célébrait de grandes fêtes en l'honneur de Rhéa, déesse de la terre. Avant de commencer la moisson, les paysans allaient porter des offrandes sur l'autel de cette divinité :

Les moissonneurs en foule avancent vers la plaine,
L'épi, qu'un doux zéphyr au gré de son haleine
Courbe, roule, relève et courbe et roule encor,
Promet à leurs travaux sa chevelure d'or.
Ce salaire promis enflamme leur courage,
Et chacun tout entier s'abandonne à l'ouvrage.
A l'envi l'un de l'autre, ils frappent les épis :
La faucille à leurs pieds les étale en tapis.

ROUCHER.

Septembre — Cyclame d'Europe

A Rome ce mois était consacré à Vulcain et ramenait chaque année aussi la cérémonie du clou sacré que le grand-prêtre plantait au Capitole dans le temple de Minerve.

Ici, sur nos coteaux, la vigne triomphante
Se pare avec orgueil des raisins qu'elle enfante ;
Là, du riche olivier le fruit pend en bouquets ;
Là, de pommes couverts, nos champs sont des bosquets.
Sous les mains du travail, partout je vois éclore
Les présents réunis de Vertumne et de Flore.

ROUCHER.

Pomone, étale-moi ton domaine superbe,
Où le citron, l'orange et le limon acerbe
Sur le feuillage vert, aussi vif que brillant,
Dessinent en traits d'or leur groupe étincelant ;
Ouvre-moi d'un sourire, ou l'attrayant refuge
D'un tamarin chargé de son fruit fébrifuge,
Ou ces berceaux charmants, labyrinthes d'amours
Que les figuiers du Gange érigent sur son cours.
Ah ! permets que, plongé dans l'ombre impénétrable,
J'exprime du coco le suc frais et laiteux,
Et demande aux palmiers un jus moins capiteux
Que celui que Bacchus, trop ami du délire,
Prodigue aux favoris qui peuplent son empire.

SAINT-LAMBERT.

Octobre — Millepertuis

Bacchus, fils de Jupiter et de Sémélé, fit la conquête des Indes, alla en Égypte enseigner l'agriculture aux hommes, puis planta, dit-on, le premier cep de vigne ; les anciens l'adoraient comme un dieu. Dans tous les pays du monde l'époque de la vendange est un signal de plaisir.

Les mères, les époux, les vieillards, les enfants,
Remplissent les chemins de leurs cris triomphants.
Nul cep n'est épargné ; partout je vois la grappe
Tomber sous le tranchant du couteau qui la frappe.

ROUCHER.

Novembre — Ximénésie enceloïde

Le troisième jour de ce mois est la fête du patron des chas-
seurs, et la Saint-Hubert rassemble chaque année les ama-
teurs de la chasse. Dans les principaux châteaux de l'Alle-
magne, le seigneur du lieu convie ses amis à une messe
solennelle qui est célébrée en l'honneur du saint, afin qu'il
soit favorable aux chasseurs.

Autrefois les Égyptiens honoraient particulièrement Osiris,
fille des eaux, et c'était avec raison, puisque le Nil, rentré dans
son lit, laisse éclore de toutes parts dans les campagnes qu'il
a quittées, les fleurs, les fruits, les grains et la verdure fé-
condés par son limon.

> Les vents froids sont venus, leur souffle décolore
> L'émail qu'en nos jardins le printemps fit éclore ;
> Sur ses bras tortueux languissamment couché
> Le triste chèvrefeuille expire desséché ;
> Le pavot, à ses pieds, voit tomber sa couronne ;
> Le panache azuré, dont l'iris s'environne,
> Effeuillé par les vents, flotte dans les bosquets ;
> Le lilas, tout honteux, cherche en vain ses bouquets ;
> De l'amoureux pasteur la parure est flétrie,
> Le gazon pâlissant languit dans la prairie ;
> Et jusqu'au fond des bois, les chênes, les ormeaux,
> D'un feuillage moins vert, ont bruni leurs rameaux.

ROUCHER.

Décembre — Lopésie à grappes

Autrefois l'année persane ramenait avec le solstice d'hiver
la fête de la divinité Mythra. Dans un antre mystique, le so-
leil était censé renaître et les prêtres offraient des gâteaux et
un camellia aux assistants. Le camellia était l'emblème de la
reconnaissance que les Persans devaient avoir pour le retour
de l'astre fécondant les richesses de la terre.

HORLOGE DE FLORE

IL est des fleurs qui s'ouvrent invariablement à la même heure; les horticulteurs profitent de cette horloge naturelle pour régler leur temps, et les amoureux emploient ce moyen pour indiquer le moment où ils passeront sous les fenêtres de celle à qui ils offrent leurs vœux.

Minuit..	Le cactus à grandes fleurs.
Une heure du matin. .	Le laiteron de Laponie.
Deux heures	Le salsifis jaune.
Trois heures	La grande picridie.
Quatre heures.	Le liseron des haies.
Cinq heures.	La crépide des toits.
Six heures	La scorsonère.
Sept heures.	Le nénuphar.
Huit heures.	Le mouron rouge.
Neuf heures.	Le souci des champs.
Dix heures	La ficoïde napolitaine.
Onze heures . .	L'ornithogale.
Midi.	La ficoïde glaciale.
Une heure du soir. . .	L'œillet prolifère.
Deux heures	La crépide rouge.
Trois heures	Le pissenlit taraxacoïde.
Quatre heures.	L'alysse alistoïde.
Cinq heures	La belle de nuit.
Six heures.	Le géranium triste.
Sept heures	L'hémérocalle safranée.
Huit heures	Le liseron droit.
Neuf heures	Le nyctanthe de Malabar.
Dix heures	Le liseron à fleurs pourpres.
Onze heures	Le silène noctiflore.

L'alkékenge ou coqueret est une fleur d'un rouge vif qui resserre peu à peu ses pétales, replie ses feuilles et s'endort à quatre heures de l'après-midi. Le pavot s'ouvre à six heures du matin. La crépide des Alpes s'ouvre à neuf heures du matin.

UNE FÊTE SYMBOLIQUE

Dans quelques associations mystiques ou fraternelles la fête du printemps était célébrée avec une grande pompe. Sous une immense voûte de verdure s'élevait une estrade où se plaçaient les hommes les plus vénérables de l'assemblée.

A un signal donné, dit un historiographe, trois enfants se sont présentés; chacun tenait à la main une couronne de lilas blanc.

Un vieillard a remis au premier un bouquet composé de jonquilles, de primevères et de platane, ce qui signifie :

Désir, jeunesse, génie.

Le second enfant a reçu un autre bouquet formé d'une branche d'aubépine et de roses des quatre saisons, le tout entouré de fougère, ce qui veut dire :

Espérance, sincérité, beauté toujours nouvelle.

Quant au troisième, son bouquet se composait d'angélique, de chèvrefeuille et de jasmin; ces trois fleurs réunies signifient :

Inspiration, amabilité, lien d'amour.

Ensuite trois jeunes filles ont déposé trois couronnes de myrthe, qu'un vieillard a échangées pour trois bouquets de roses, qui symbolisent :

L'amour dans ce qu'il a de plus élevé.

Trois hommes ont apporté des couronnes de raisins; un vieillard leur a remis des couronnes de laurier franc :

Symbole de la gloire.

Le cortége se terminait par trois vieillards qui portaient une gerbe de pavots. Le plus âgé des délégués s'est avancé et leur a offert un bouquet d'olivier, symbolisant :

La paix et le calme du cœur.

POÉSIE

Viens m'apprendre à fêter la saison des merveilles,
Me prêter ton esprit, ton âme et tes oreilles :
Un seul de tes regards, rempli d'un feu si doux,
Percera des secrets inconnus jusqu'à nous ;
Et tu me dicteras ton étonnant langage,
Où brille un cœur sensible et la raison d'un sage.
Viens de tes pieds mignons presser l'œil du matin,
Viens moisonner la rose, et l'œillet, et le thym.
Tandis que la fraîcheur de ces beautés naissantes
Peut parfumer ton sein et tes tresses flottantes.
Pompes de la nature, au réveil des beaux jours,
Déployez votre éclat et vos tendres atours.

SAINT-LAMBERT.

BAROMÈTRE BOTANIQUE

Alléluia. — Si l'on voit l'alléluia relever ses feuilles, cela indique qu'il fera de l'orage.

Carline. — Cette plante se ferme toujours aux approches de la tempête.

Chardon. — Si le chardon à foulon rapproche ses écailles et les tient serrées, il va pleuvoir.

Drave printanière. — La drave printanière replie doucement ses feuilles quand la tempête va venir.

Laiteron de Sibérie. — Lorsque, la nuit, on voit cette fleur ouvrir sa corolle, on peut être sûr qu'il tombera de l'eau vers le matin.

Laitue. — Si la laitue s'épanouit, on peut compter sur la pluie.

Liseron (petit). — Quand le petit liseron referme ses cloches blanches, les bergers ramènent leurs troupeaux; la pluie n'est pas éloignée.

Népenthès. — Lorsque le népenthès renverse ses godets, on peut être assuré qu'il va pleuvoir.

Si au contraire il relève sa fleur, c'est signe de beau temps.

Nigelle. — Quant la nigelle des champs penche sa tête, c'est que la chaleur va venir.

Si on la voit se ranimer et renaître, c'est que l'air va reprendre sa fraîcheur.

Oxalis. — Si l'oxalis s'ouvre, il fera beau.

S'il se ferme, on peut attendre de l'orage.

Pimprenelle. — Il doit bientôt pleuvoir, lorsque l'on voit la pimprenelle se fermer.

Polierva. — Quand le polierva incline et replie ses feuilles c'est signe que l'orage est prochain.

S'il redresse ses branches, au contraire il fera beau.

Quintefeuille. — La quintefeuille étend ses pétales d'or et s'en forme un abri pour se garantir de la pluie prochaine.

Elle replie ses voiles lorsque l'orage est sur le point de cesser.

Souci d'Afrique. — Quand le souci d'Afrique n'épanouit point sa corolle, on peut attendre la pluie.

Souci pluvial. — Lorsque cette fleur replie ses pétales, c'est un signe certain qu'il doit pleuvoir.

Trèfle. — Quant le trèfle redresse ses tiges, il faut s'attendre à une pluie assez prochaine.

Trèfle des prés. — Si vous voyez cette espèce de trèfle se fermer, hâtez-vous de chercher un abri, car la tempête va bientôt éclater.

LA MÈRE, LA JEUNE FILLE ET LE PARTERRE

— FABLE —

Belle, mais pleine de fierté,
Et n'estimant que sa beauté,
La jeune Iris avec sa mère,
Pour la première fois alla voir un parterre
Où toutes les plus belles fleurs
Etalaient à l'envi leurs brillantes couleurs.
D'abord sa vue en fut ravie ;
Et pour mieux contenter l'envie
Qu'elle avait de les voir et de les admirer,
Dans ce séjour où tout était fait pour lui plaire,
Elle ne cessa pas d'errer
Que la nuit ne vint l'en tirer.
Espérant de pouvoir encor s'y satisfaire,
La belle, à quelque temps de là,
Avec sa mère y retourna.
Mais alors quelle différence !
Et combien elle vit tromper son espérance !
Hélas ! au lieu du spectacle flatteur
Qu'offrait auparavant le parterre enchanteur,
Elle n'y trouva plus que des couleurs ternies,
Que des fleurs sèches ou flétries.
Surprise, de ce changement.
Elle s'écria tristement :
O maman ! que sont devenues
Toutes ces belles fleurs qu'ici nous avions vues ?
Qu'est-ce qui peut avoir effacé leurs attraits ?
C'est le temps, répondit la mère ;
Et c'est le temps aussi qui changera vos traits.
Cessez donc d'en être si fière,
Et n'estimez plus tant cette vaine beauté
Qu'on vous voit préférer à tout autre avantage.
Ces fleurs, de sa fragilité
Vous offrent la fidèle image.
Ma fille, il n'est qu'un bien dont la solidité
Des ans ne craigne point l'outrage ;
C'est la vertu qui s'embellit par l'âge,
Et qui fait en tout temps notre félicité.

L'ABBÉ REYRE.

LE LANGAGE DE LA NATURE

Oh ! c'est être savant que de pouvoir entendre
Le langage sublime et tendre
Que la nature parle à Dieu ;
De trouver un soupir dans l'herbe qui frissonne
Une offrande d'amour dans l'arbre qui bourgeonne,
Et, dans ce bruit du soir qui gravement bourdonne
Le grand hymne de ce bas lieu.

Oui, c'est être savant que d'avoir sa pensée
Qui sonde, incessamment poussée,
L'espace et le sol à son tour ;
D'étendre son regard et de lire la terre,
Ce manuscrit vivant où l'œil se désaltère,
Dût-on en méditant sur chaque caractère,
N'en épeler qu'un mot par jour !...

BOUQUETS ET GUIRLANDES

SYMBOLIQUES

ŒILLET — AMOUR VIF ET PUR

BOUQUETS

ET

GUIRLANDES SYMBOLIQUES

Bouquet, Sélam — Galanterie, Hommage, Offrande

De tous temps et chez tous les peuples, l'offre ou l'envoi de bouquets a été en usage. Tantôt c'était aux divinités que s'adressaient les fleurs pour se les rendre favorables et, dans ce cas, on choisissait celles des fleurs qui leur étaient particulièrement consacrées, comme le pavot à Morphée, le myrte à Vénus, le gui à Teutatès. Aujourd'hui encore ne couvre-t-on pas de fleurs les autels de la Vierge, et saint Joseph n'est-il pas représenté, tenant à la main le lys ou l'amandier mystiques.

Le bouquet est l'accompagnement obligé de toutes les fêtes.

> Pour toi sa main d'albâtre et choisit et moissonne
> La pâle violette et la riche anémone ;
> Joint la fleur du narcisse au parfum du muguet
> Et d'heureuses couleurs nuance son bouquet,
> Entrelace avec art et mollement oppose
> L'hyacinthe aux pavots, les soucis à la rose.
>
> TISSOT.

Chez les Orientaux, le bouquet s'appelle un sélam. Ses fleurs sont alors choisies et disposées de manière à exprimer une pensée, un sentiment secret, une confidence, un aveu, soit en interprétant leurs noms, en leur attribuant une signification particulière enpruntée à leur couleur, à leurs propriétés, à leur forme, etc., etc.

Le bouquet décrit dans les vers ci-dessus, traduit en sélam, renferme les significations suivantes : modestie, abandon, égoïsme, retour du bonheur, jeux, sommeil, souci, et beauté, qu'il serait facile de réunir dans uné phrase suivie; le sélam est donc un bouquet de fleurs symboliques.

Couronne de roses — Récompense de la vertu

Il faut remonter à saint Médard pour retrouver l'origine de ce symbole.

On sait que ce digne évêque de Noyon naquit à Salency, sous le règne de Childéric, et qu'il mourut à Noyon en 545. Il fonda un prix de 25 livres à décerner chaque année à la jeune fille qui se serait montrée la plus sage et la plus vertueuse. On mettait en même temps sur son front une couronne de roses, d'où son nom de rosière.

> Hélas ! belle rosière,
> D'autres amis des mœurs doteront ta chaumière :
> Mes présents ne sont point une ferme, un troupeau,
> Mais je puis d'une rose embellir ton chapeau.

DE FONTANES.

Fleurs symboliques

Fleurs d'abricots.	Charme.
— de chêne.	Force.
— impériales	Ivresse.
— de limon.	Constance idéale.
— de marronnier	Fierté.
— d'oranger.	Chasteté.
— de passion	Douleur d'amour.
— de pêcher	Agrément.
— de pommier.	Plaisir durable.

Guirlande de fleurs — Chaîne d'amour

Le duc de Montausier épousa, en 1645, Julie de Rambouillet ou Julie d'Angennes qui fut gouvernante des enfants de France sous Louis XIV.

Cette femme était remarquable par son esprit et son instruction, aussi était-elle recherchée par une foule d'hommes

éminents. Quelque temps avant son mariage, le duc de Mon-
tausier lui adressa, sous le nom de *Guirlande de Julie,* une
offrande poétique composée de fleurs dessinées par le peintre
Robert. Au-dessous de chaque fleur était un madrigal dû à
la plume des différents poètes et beaux esprits du temps qui
célébraient, par allusion aux diverses fleurs, les mérites et
les grâces de Julie et lui exprimaient leur admiration.

Guirlande de lis et de violettes — Beauté céleste, Beauté parfaite .

Les Grecs, admirateurs de la beauté ne supposaient pas
qu'elle pût être complète sans la modestie. Aussi prenaient-
ils pour emblème de la beauté par excellence le lis et la vio-
lette ou l'alliance de la pureté et de la modestie.

2.

LES FLEURS

Mais pourquoi s'éloigner, chercher tant d'aventures,
Rentrons modestement autour de ces bordures,
Et suivons pas à pas ces dédales de fleurs
Que la saison revêt des plus riches couleurs ;
Ces massifs qu'embellit la fraîche marguerite,
Où tout près du crocus la primevère habite,
Avec la violette à qui l'on va toujours
Demander le bouquet qu'on destine aux amours ;
Cherchons l'oreille d'ours poudreuse et veloutée,
Sur les ailes des vents l'anémone apportée
La renoncule aussi, dont le rouge vermeil
Rivalise l'éclat des faisceaux du soleil.

Des tulipes surtout admirons les calices,
Où la beauté se joue avec tant de caprices,
Et partageons un peu l'étrange égarement
Du fleuriste timbré par leur enchantement ;
Rien ne manque à nos vœux, et les trésors de Flore
Sont si multipliés qu'ils font pâlir l'aurore :
L'hyacinthe inclinée expose avec pudeur
L'incarnat qui revêt sa timide blancheur ;
La jonquille odorante embaume au loin la plaine,
Le narcisse se pâme au bord d'une fontaine ;
Enfin l'œillet si large et si bien découpé,
Près d'une jeune rose est noblement groupé,
Et fier de ses couleurs soutient un parallèle
Qui serait périlleux pour une fleur moins belle.

SAINT-LAMBERT.

D'une fenêtre à l'autre on nous dit, fleurs discrètes,
Qu'aux amours musulmans vous servez d'interprètes.

LEMIERRE.

Les fleurs du doux plaisir sont l'emblème riant.
Si j'en crois le récit. des peuples d'Orient,
Pour donner un langage à ses douleurs secrètes,
Souvent plus d'un captif en fit ses interprètes,
Et, peignant par leur teinte ou l'espoir ou l'ennui,
Les fleurs interrogeaient et répondaient pour lui.

DELILLE.

Sachez, dit-il, des fleurs le doux langage,
    Car chaque jour, en Orient,
    L'amour en fait un doux usage
    Et lui doit son plus tendre hommage.
    Langage adroit, livre riant,
    Qui secrètement nous enflamme
    Et sur ses fragiles feuillets
    Dit, en caractères secrets,
    La joie et les peines de l'âme.

MOLLIVANT.

Au sein d'une fleur tour à tour
Une douce image est placée
Dans un myrte on croit voir l'amour,
Un souvenir dans la pensée
La douce paix dans l'olivier,
L'espoir dans l'iris demi-close,
La victoire dans un laurier,
Une femme dans une rose.

La fleur est la fille du matin, le charme du printemps, la source des parfums, la grâce des vierges, l'amour des poètes..
Dans le monde, nous attribuons nos affections à ses couleurs, l'espérance à sa verdure, l'innocence à sa blancheur, la pudeur à ses teintes de rose. Il y a des nations entières où elle est l'interprète des sentiments.

CHATEAUBRIANT.

Un amoureux zéphir en nourrit les couleurs.
L'iris de la Tamise échappe au sein de l'herbe,
Et brille sans orgueil aux pieds du lis superbe,
Mais par l'impériale à son tour dominé,
Devant elle, en sujet, le lis tremble incliné.
L'œillet au large front, la pleine renoncule,
Le bluet qui, bravant l'ardente canicule,
Émaillera les champs de la blonde Cérès,
Le chèvre feuille, ami de l'ombre et des forêts,
Le sureau, le lilas, l'épaisse giroflée,
L'églantier, orgueilleux de sa fleur étoilée,
De ce beau labyrinthe émaillent les détours.
Ici le frais muguet se marie aux pastours ;
Là, du jasmin doré la précoce famille
Brille avec le rosier à travers la charmille.

ROUCHER.

SAISONS

Printemps. . . . . Vert.
Été. . . . . Rouge.
Automne . . . . Bleu.
Hiver. . . . . Noir.

Aubépine. Pensée.
SINCÉRITÉ
Mes lèvres sont d'accord avec mon cœur.

EMBLÈME DES COULEURS

Amarante . . . . Constance, — immortalité.

Blanc . . . . Innocence, — pureté, — candeur,
pudeur, — bonne foi.

Bleu . . . . Amour chaste, — économie, — sa-
gesse, — respect, — piété.

Brun foncé. . . . . . . Douleur profonde.

Feuille morte. . . . . Vieillesse, — destruction.

Gris. . . . . Douleur tempérée, — mélancolie.

Jaune . . . . Gloire, — infidélité, — richesse,
— splendeur.

Lilas. . . . . Amour pur.

Noir. . . . . Tristesse, — mort, — deuil.

Orangé . . . . Amour de la gloire.

Pourpre . . . . Souveraineté, — puissance, — or-
gueil, — ambition.

Rose . . . . Beauté, — amour, — amabilité, —
jeunesse.

Rouge. . . . . Timidité, — amour, — ardeur,

Vert . . . . Espérance, — marine, — enfance.

A la suite de cette nomenclature généralement adoptée, on peut placer la série des couleurs que Léon Gozlan, cet écrivain humoristique, appliquait à certains de ses sentiments ou de ses sensations intimes.

Pour moi, disait-il :

La piété est bleu tendre,
La résignation, — gris perle,
La joie, — vert pomme,
La satiété, — café au lait,
Le plaisir, — rose velouté,
Le sommeil, — fumée de tabac,
La réflexion, — orangé,
La douleur, — couleur de suie,

L'ennui, — chocolat,

La pensée pénible d'avoir un billet à payer, — mine de plomb,

Le jour du terme, — couleur terre de Sienne, vilaine couleur,

L'argent à recevoir, — rouge éclatant ou rouge diablotin,

Aller à un premier rendez-vous, — couleur thé léger ou ambrée,

Aller à un vingtième rendez-vous, — couleur de thé chargé,

Le bonheur parfait, — ma foi, disait Gozlan, c'est pour moi une couleur inconnue.

LA MÈRE ET L'ENFANT

Ah! dites-moi, ma mère,
Qui fait naître les fleurs?
Quelle puissance opère
Le charme des couleurs?

Qui permet à la graine
Dans le sol de germer,
De sortir de sa gaîne
Et de se transformer?

Oh! dites-moi, ma mère,
Qui fait naître et mourir?
Pourquoi tout ce mystère,
Pourquoi faut-il souffrir?

Par d'incessants miracles,
Dieu t'apprend à l'aimer .
Ces ravissants spectacles
Sont faits pour te charmer.

PARVATI

LÉGENDE HINDOUE

Les idoles hindoues ne sont presque jamais représentées avec des fleurs mêlées à leur chevelure et cependant quelques archéologues ont remarqué que, dans plusieurs temples indiens, on voit des statues de la déesse Parvati couronnée d'une guirlande de roses à cent feuilles mêlées aux fleurs de tilleul. Étonnés de cette singularité, les savants en ont recherché la cause ; et, en remontant à la source, ils ont recueilli la légende suivante :

Sur un versant boisé du mont Mérou, un des plus élevés de la chaine de l'Himalaya, Siva, le dieu destructeur, Siva, qui tient dans ses mains le feu éternel, Siva, fils de Parabrahma, couché sur une peau de tigre ne peut trouver le sommeil qui chasserait sa terreur et ses craintes. Son œil sonde l'obscurité, son oreille attentive interroge les mille bruits de la forêt, et parfois son corps tremble comme le feuillage qu'agite la brise fraîche des nuits. Près de lui, Parvati, son épouse bien-aimée, repose tranquillement et sa poitrine, régulièrement soulevée, laisse échapper un souffle pur et paisible. A ses pieds, sa monture ordinaire, son tigre favori, le mufle étendu sur ses longues pattes, fait entendre un sourd rauquement qui se mêle au bruit du vent.

— Où donc est ma puissance, murmure Siva ? ne suis-je donc plus ce dieu terrible et redouté devant qui l'univers s'incline ? L'égal de Brahma et de Vichnou serait-il donc devenu le jouet et la risée d'un chef mortel ? Wrikcha, l'ingrat Wrikcha, que j'ai comblé de bienfaits, que j'ai rendu fort et puissant, m'oblige à me cacher, à fuir devant lui ; les sommets inaccessibles de ces monts arides sont les seules retraites où

je puis être à l'abri de ses coups. Non, il ne sera pas dit que
le fils du divin Parabrahma.....

A ces mots qu'il prononce avec force, son tigre se dresse
et fait entendre un miaulement sourd et prolongé; Parvati
s'éveille, et entourant Siva de ses bras, lui dit :

— Qu'as-tu, mon époux bien-aimé? Pourquoi le sommeil
fuit-il toutes les nuits ta paupière? Pourquoi Siva, le dieu des
combats, tremble-t-il comme une faible femme? Laisse à mon
amour le soin de guérir tes peines et verse dans mon sein
le secret de tes craintes et de tes alarmes.

Siva baisse les yeux sur sa chère Parvati, sa colère s'a-
paise et d'une voix plus calme :

— Écoute, chère Parvati, fille du grand dieu Brahm,
compagne de mes joies et de mes dangers et que ta douce
voix me rende le repos qui me fuit.

Tu connais Wrikcha qui se distingua entre tous ses frères
par sa dévotion et ses pratiques religieuses. S'adressant par-
ticulièrement aux temples où mon culte est révéré, il ne né-
gligea rien pour obtenir mon appui. Mes autels ont ruisselé
du sang des victimes immolées par ses mains, l'odeur des
viandes sacrées est montée jusqu'à moi et je l'ai distingué
au milieu de tous mes sectateurs.

Sa piété fut poussée jusqu'aux dernières limites et tous les
jours il m'offrait les lambeaux de son corps en holocauste.
Un jour, animé d'un feu sacré, il détacha sa tête et la fumée
du bûcher qui la consumait a parfumé le palais que j'habite.
J'ai cru à la sincérité de ses sacrifices, j'ai donné une puis-
sance immense à celui que je regardais comme un adora-
teur sincère; par ma volonté Wrikcha a vu ses forces décu-
plées, et sur sa demande il a reçu de moi le fatal pouvoir
de brûler immédiatement tout ce que ses mains touchent.
Nul être divin ou humain n'a été excepté dans ce pacte fatal,
et aujourd'hui, moi, Siva, son bienfaiteur, je suis obligé de
fuir devant l'implacable haine de l'ingrat Wrikcha. Vois,
chère Parvati, si mes craintes sont vaines et si toute ma puis-
sance n'est pas perdue et évanouie.

Cette montagne est le seul asile où je puisse me reposer un
instant, mais bientôt Wrikcha peut apparaître et qui sait si la
vitesse de mon tigre fidèle m'arrachera au sort qui m'attend.

Parvati se lève, dépose un baiser sur les cinq têtes de son cher époux et lui dit :

— Calme tes alarmes, ton pouvoir si étendu ne peut rien contre celui que ta fatale bonté a si puissamment armé contre toi-même ; laisse Parvati veiller sur toi et te défendre; où la force se meurt, la ruse prend naissance.

Elle dit et, sans attendre la réponse du divin Siva, s'enveloppe de ses voiles et rapide comme l'éclair qui perce l'espace, elle disparaît sur la pente de la montagne.

Près des bords sacrés du Gange, au milieu d'une jungle épaisse, Wrikcha est étendu; il ne porte aucune arme offensive, sa force terrible et le pouvoir plus terrible encore qu'il a reçu de Siva suffisent à sa sécurité.

Les tigres ont bondi sur lui, les éléphants ont cherché à le briser avec leurs défenses, les serpents ont en vain essayé sur ses membres la force de leurs replis, les arbres séculaires ont étendu leurs branches pressées sur son chemin, les marais ont ouvert leurs abîmes, rien n'a pu arrêter sa marche rapide : tigres, éléphants, serpents sont tombés foudroyés par ses mains qui recèlent le feu destructeur ; les marais ont été desséchés, les arbres se sont tordus sous l'étreinte des flammes.

Couché sur l'herbe épaisse, il songe à sa vengeance et va poursuivre sa route, quand sur les rives du fleuve, il aperçoit une femme belle et jeune; un léger voile la couvre à peine et ses blanches mains font pleuvoir sur son corps les eaux bénies du père des fleuves, du fils de la déesse Ganga. Il a reconnu Parvati, la femme de celui auquel il a voué une haine mortelle pour prix des bienfaits qu'il en a reçus, et cette divine beauté l'émeut et lui fait un instant oublier ses projets. Il la suit dans tous ses mouvements et la voit, après ses offrandes à la déesse Ganga, regagner le rivage, revêtir les ornements qu'elle avait déposés sur le bord du fleuve, et placer sur son opulente chevelure une couronne de roses à cent feuilles et de fleurs de tilleul. Ces fleurs sont l'emblème de la grâce réunie à l'amour conjugal.

Il s'approche alors :

— Divine Parvati, reste avecmoi, Wrikcha est tout-puissant,

tu le sais; son amour pour toi égalera son pouvoir, et tous les êtres divins et humains s'agenouilleront devant tes pas.

Parvati sourit, son visage se couvre d'une légère rougeur et, ramenant son voile sur son front :

— Ignores-tu, dit-elle, que je suis l'épouse de Siva le cruel, dont les dents aiguës aiment à déchirer et dont les cinq têtes sont couvertes de serpents hideux et mortels. Brahm, mon père l'a voulu. Je ne t'avais pas vu, puissant Wrikcha; je ne connaissais pas ta force et ton courage et nulle pensée n'a défendu mon cœur. Cependant j'hésitais, une répulsion intérieure allait amener un refus sur mes lèvres, quand Siva paré de son costume de guerre parut devant moi, dansant ces rondes légères que le divin Brahm a enseignée à ses enfants. Je suis femme, Wrikcha, j'aime passionnément la danse, je l'imitai, nos pas se croisèrent, s'entrelacèrent et dans l'ivresse où me plongea cette danse sacrée, je consentis à tout et je devins sa compagne. Je ne trahirai pas les serments que j'ai prêtés si je ne trouve un autre homme dont la danse hardie, passionnée me fasse oublier Siva mon époux.

En finissant ces mots, son corps se pencha, ses pieds se croisèrent et, comme emportée par le souvenir, Parvati tourna autour de Wrikcha en suivant le rhythme cadencé des plaques d'or que ses mains agitaient.

— Charmante Parvati, dit Wrikcha, enseigne-moi cette danse qui peut faire de moi le plus heureux des mortels, car je t'aime et pour te posséder je veux tout essayer.

— Tu le veux, je me prête à tes désirs, si ton bonheur vient de moi, je serai plus heureuse; imite-moi.

Et aussitôt, légère comme l'oiseau, souple comme la liane des jungles, Parvati s'élance, son beau corps tour à tour se penche vers Wrikcha ou se rejette en arrière par de voluptueux mouvements, ses bras s'arrondissent en courbes gracieuses, ses pas pressés frappent le sol en cadence, elle fuit, s'avance, se dérobe pour revenir encore plus souriante et plus belle; dans l'ardeur de la danse, elle arrache ses ornements, ses anneaux, ses bracelets d'or, elle ne converve que sa guirlande qui, insuffisante pour contenir sa chevelure, laisse échapper ses magnifiques cheveux; alors Parvati s'en enveloppe avec une pudeur charmante.

Wrikcha a imité tous ses mouvements, l'amour qui l'anime ; lui donne la souplesse et la grâce, il a rejeté loin de lui tout ce qui gênait ses pas, et lorsqu'il a vu tomber la chevelure ondoyante de l'admirable Parvati, il a détaché les rubans qui qui retiennent ses cheveux, et ses boucles brunes s'étalent sur son cou : il est beau, il le sait, il le sent, et pour lui, son triomphe n'est pas douteux : Siva sera oublié.

Parvati dans une pose gracieuse s'approche de lui, s'agenouille et arrondissant ses deux bras, ramène ses mains sur son front comme si elle appelait le baiser de son nouvel époux :

Wrikcha attentif à tous ses gestes, l'imite dans sa pose, ramène ses mains sur sa tête nue, se touche.

Un bruit terrible se fait entendre, l'ennemi de Siva n'est plus : Wrikcha avait oublié son fatal pouvoir, et de ses mains mortelles s'était foudroyé.

Son corps n'était plus qu'un amas de cendres fumantes.

Parvati, rayonnante de joie et de bonheur, s'élance rapidement sur le mont Mérou où son divin époux dormait tourmenté par des songes terribles. A la douce voix de Parvati, il s'éveille et son cœur s'épanouit sous le tendre regard de sa compagne.

— Sois heureux, époux bien-aimé, dit-elle, ton ennemi n'est plus. Vis en paix près de moi, ce que tu ne pouvais faire, je l'ai accompli.

L'amour conjugal c'est la puissance. Son symbole c'est le tilleul.

Bouquet de roses.

BEAUTÉ
Elle est sans égale.

L'ENFANT ET LA ROSE

FABLE

Mai, de sa couronne de fleurs
Achevait de parer son front chaste et timide,
Et de sa voix d'oiseau chantait aux jeunes cœurs
L'hymne heureux du printemps..... chassant l'hiver humide.
Riant comme le ciel, dans un jardin vermeil,
Courait, jouait gaîment un lutin plein de grâce,
Dont les yeux noirs semblaient complimenter l'audace
De ses beaux cheveux d'or, rayons pris au soleil !
Comme les papillons courant de tige en tige,
Il admirait les fleurs, sans se fixer jamais ;
Quand soudain une rose, un amour, un prodige
Attire ses regards : il veut la cueillir... mais :
« Perfide ! dit l'enfant, dont le sang coule encore,
« Ah ! vous nous attirez pour nous faire souffrir.
« Autant je vous aimais, autant je vous abhorre,
« Et je voudrais vous voir, toutes, toutes mourir !
Et l'enfant insensé, dans son aveugle rage,
Détruit de son jardin les frêles ornements,
Et des lis pâlissants, des bluets qu'il outrage
Il voit avec plaisir pencher les fronts charmants.
Mais... quand il a fini... soudain il se rappelle
Qu'à sa mère il venait pour offrir une fleur ;
Il regarde... il ne voit que la rose cruelle,
Qui seule a fait le mal, mais dont il a si peur,
    Et l'enfant s'enfuit bien loin d'elle.

Ainsi l'on voit souvent les injustes humains,
Désirant se venger, mais craignant les coupables,
Punir les innocents qui sont sur leurs chemins,
Et ces cruautés-là, ce ne sont pas des fables.

Mlle JENNY SABATIER.

SYMBOLISME DES PLANTES

ET DES FLEURS

ROSE — BEAUTÉ

Absinthe — Absence

Le mot absinthe vient du grec et signifie amertume. Cette plante est vivace, ligneuse, très-amère, aromatique ; ses feuilles sont blanchâtres et découpées ; ses fleurs sont petites et jaunes. Son symbole est l'absence, car celle-ci cause toujours tristesse et amertume.

> La fleur disait au papillon céleste :
> Ne fuis pas !
> Vois comme nos destins sont différents. Je reste,
> Tu t'en vas !
> Mais hélas ! l'air t'emporte et la terre m'enchaîne,
> Sort cruel !
> Je voudrais embaumer ton vol de mon haleine
> Dans le ciel.
>
> VICTOR HUGO.

Acacia blanc — Amour platonique

Cet arbre croît rapidement, son feuillage est agréable, ses fleurs blanches sont très-odorantes et son bois possède une grande qualité, il ne se pourrit jamais.

Différentes tribus des naturels de l'Amérique ont consacré la fleur de l'acacia blanc au génie des chastes amours, et en trouvent l'expression dans une branche fleurie.

Acanthe — Beaux-Arts

Une jeune fille de Corinthe étant morte au moment où elle allait se marier, sa nourrice recueillit dans une corbeille plusieurs petits objets auxquels elle avait été attachée pendant sa vie. Pour les mettre à l'abri des injures du temps et les conserver, cette femme couvrit la corbeille d'une tuile et la posa ainsi sur le tombeau.

Dans ce lieu se trouvait, par hasard, la racine d'une plante d'acanthe. Au printemps, elle poussa des feuilles et des tiges qui entourèrent la corbeille. La rencontre des coins de la tuile força les extrémités de la plante à se recourber en manière de volute.

Le sculpteur Callimaque, passant près de ce tombeau, vit ce panier et remarqua la forme gracieuse avec laquelle ces feuilles naissantes le couronnaient. Cette forme nouvelle lui plût; il l'imita dans les colonnes qu'il fit par la suite à Corinthe, et il établit, d'après ce modèle, les proportions et les règles de l'ordre corinthien.

Aconit — Dissimulation

L'espèce la plus remarquable est l'*aconit napel*, qui croît en France et dans les régions méridionales de l'Europe. Elle est souvent cultivée dans les jardins, à cause du bel effet que produisent ses fleurs en longs thyrses bleus. Cette espèce est un poison des plus violents.

Les Germains et les Gaulois empoisonnaient leurs flèches en les trempant dans le suc de cette plante.

Rien n'est trompeur comme cette magnifique plante.

Adonide — Douloureux souvenir

Le jeune Adonis devint, en grandissant, d'une beauté si rare, que Vénus elle-même s'en éprit d'amour.

Chasseur intrépide, le bel Adonis parcourait sans cesse les forêts. Un jour qu'il poursuivait un sanglier, l'animal furieux se retourna et le blessa mortellement. La Déesse au désespoir fit de vains efforts pour rappeler à la vie celui qu'elle aimait; le Destin resta inflexible. Alors Vénus voulant conserver un souvenir de son amant, le changea en une plante qui fut appelée Adonide, et dont chaque fleur semble être une goutte de sang.

Alisier — Accord, Harmonie

Selon les climats dans lesquels il vit, l'alisier devient arbre ou arbrisseau. Ses fleurs sont blanches ou roses et exhalent une odeur forte. Avec son bois on fabrique des instruments de musique.

Aloès — Douleur, Chagrin

Les aloès se plaisent dans les sables brûlants des déserts et prospèrent dans les terrains secs et pierreux. On recueille de cet arbre un suc qui est très-estimé en médecine ; pour obtenir un bon résultat, il faut couper les feuilles, les mettre dans des paniers que l'on plonge à plusieurs reprises dans de l'eau bouillante. Celle-ci alors se sature de la matière que l'on veut extraire, et on la vend dans le commerce sous le nom d'aloès succotrin. La saveur de cette substance est très-amère.

Aloès bec de perroquet — Caquet

Cette variété d'aloès est ainsi nommée parce que sa feuille imite un bec de perroquet.

Alysse des rochers — Tranquillité

Cette plante peu élevée ne craint ni le vent, ni l'orage.
Les anciens la regardaient comme un remède assuré contre la rage.

Amandier — Étourderie

L'amandier fleurit comme un étourdi, sans penser que les dernières gelées détruisent ses fleurs blanches et parfumées et les rendent bien souvent stériles surtout dans les régions du nord de la France.

Amaranthe — Immortalité

Cette plante forme des grappes pourprées, agglomérées le long des rameaux. Sa beauté sombre et sévère l'a fait consacrer aux morts par les anciens, qui plantaient les amaranthes autour des tombeaux. Elle se dessèche en conservant sa forme et sa couleur.

> Fière de ses longs jours, au zéphir inconstant
> L'amaranthe a livré son panache éclatant.
>
> ROUCHER.

Amaryllis — Fierté

La culture de cette plante est difficile, elle semble dédaigner de répondre aux soins de l'horticulteur. Originaire de l'Inde, de l'Amérique méridionale et du cap de Bonne-Espérance, l'amaryllis varie de couleur ; elle est tantôt rouge pourpre, jaune ou rose. Son port est élevé et d'une grande élégance.

Amelle — Désir de plaire

Les asters sont des plantes vivaces et robustes, dont les capitules, à fleurons jaunes, bleu purpurin, lilas ou blancs, font l'ornement des grands parterres en été, et surtout en automne ; la plus élégante de nos espèces indigènes est l'*Œil-de-Christ* ou *Amelle*. Cette charmante fleur a été chantée par les poètes qui ont dit d'elle :

> L'amelle orne les prés ; facile à découvrir,
> Au regard qui la cherche, elle semble s'offrir ;
> Sur sa tige étalée en touffe gazonnante,
> Se dresse des rameaux la forêt verdoyante,
> Et le disque des fleurs, qui brille d'un or pur,
> Adoucit son éclat par des rayons d'azur.

Ananas — Perfection

Cette plante réunit à la fois tout ce qui peut charmer les sens ; élégance de port, fleurs aux riches couleurs, fruit en forme d'immense pomme de pin, surmonté d'une gracieuse couronne de feuilles, et dont le goût exquis n'est égalé que par l'odeur suave.

Lorsque le voyageur ruisselant sous le soleil du tropique, trempe ses lèvres altérées dans ce fruit sans pareil, il oublie ses fatigues, un bien-être indicible s'empare de lui, et c'est avec une ardeur nouvelle qu'il poursuit sa route.

Anémone — Abandon

Parmi les nymphes qui ornaient la cour de Flore, il y en avait une qui était si belle qu'elle éclipsait toutes ses compagnes ; Anémone était son nom. Zéphyre et Borée, toujours en guerre, sentirent encore la haine qui les divisait devenir bien plus forte, quand ils s'aperçurent que tous deux soupiraient aux pieds de la charmante Anémone. Malheureusement pour la nymphe, Flore ayant été le témoin involontaire d'une querelle entre les Dieux, découvrit qu'elle avait une rivale dans le cœur de son volage époux. N'écoutant que son courroux, elle changea Anémone en une plante qui fleurit avant le printemps. Ainsi abandonnée de Zéphyre, l'Anémone est livrée sans défense aux dures caresses de Borée, qui, n'ayant pas réussi à s'en faire aimer, l'agite, l'entr'ouvre et de dépit, la fane et disperse ses pétales au loin.

Anémone hépatique — Confiance imprudente

C'est dans les bois montagneux qu'on rencontre cette jolie petite fleur aux six pétales blancs, rouges ou bleus.

On croyait autrefois qu'elle guérissait des maladies de foie ; cette supposition était à tort basée sur la forme trilobée de ses feuilles tachées de brun foncé qui rappelle la couleur du foie.

Anémone des prés — Maladie

Les paysans ont bien soin de débarrasser leurs herbages de cette plante qui rend malades les bestiaux, et qui même cause souvent leur mort.

> Fleurs qui du sein des prés, au bord de ces rivières,
> Exhalez dans ces lieux les parfums les plus doux,
> Vous venez de tomber sous les faux meurtrières ;
> Leurs avides tranchants n'ont rien laissé de vous.

Angélique — Inspiration, Extase

Les Lapons disent qu'en se couronnant d'angélique, l'esprit du mal électrisera leurs lyres et leur inspirera de beaux vers qui passeront à la postérité.

En France on cultive l'angélique à cause de ses propriétés aromatiques et médicales; ses tiges confites dans le sucre font des conserves très-recherchées et de sa racine distillée, on tire une liqueur très-efficace contre certaines maladies.

Apocyn — Trahison

Originaire de la Virginie, l'*apocyn* se plaît dans les terrains frais ; ses fleurs sont très-odorantes, ses graines laissent échapper un duvet fin, soyeux, élastique et chaud avec lequel on fabrique de jolies étoffes. On en a fait l'emblème de la *trahison* parce que son fruit, très-bon quand il est cuit, donne la mort si on le mange fraîchement cueilli.

Argentine — Naïveté

Cette plante demande peu de soins, elle fleurit naturellement. Elle est de la famille des rosacées et, cultivée en bordure, elle fait un charmant effet par l'opposition de ses fleurs dorées sur son feuillage argenté.

Aristée — Vigueur

La fable dit qu'Aristée était fils d'Apollon et de Cyrène. Il aima beaucoup Eurydice, mais cette nymphe lui préférant son frère Orphée, il jura de se venger. Le jour des noces d'Eurydice, il courut après elle pour l'enlever. Au moment où il allait l'atteindre, Eurydice implora Minerve qui envoya un serpent dont la morsure causa sa mort.

Les nymphes touchées de la perte de leur compagne, tuèrent toutes les abeilles d'Aristée qui se voyant ruiné, alla consulter le devin Protée. Celui-ci lui dit que, pour apaiser les mânes d'Eurydice, il fallait qu'il tuât lui-même quatre taureaux et autant de génisses sauvages, ce qui exigeait une grande force. A peine le sacrifice était-il accompli, qu'il sortit des entrailles des victimes de nombreux essaims d'abeilles.

L'aristée est une plante forte et vigoureuse, voisine des iris par ses fleurs et son port.

Aristoloche — Étreinte

Cette belle plante grimpante aux fleurs en forme de pipes sert à couvrir les berceaux ; ses branches sarmenteuses étreignent tout ce qui croît dans leur voisinage et étouffent les autres plantes sous leur large et épais feuillage.

Armoise — Santé

L'odeur balsamique de cette plante qui croît dans les lieux incultes, est tellement bienfaisante qu'à la campagne les mères couronnent de ses feuilles leurs jeunes enfants, afin d'éloigner d'eux tout air malsain.

Arnique — Péril, Danger

C'est au milieu des Alpes, dans ces hautes vallées que dominent les neiges éternelles, que s'épanouit la large fleur orangée de l'arnique, semblable à une grande marguerite simple. Son infusion sert à combattre les effets pernicieux des chutes et des chocs violents si fréquents dans les excursions alpestres. A côté du danger gît le remède.

Arum à feuilles en cœur — Ardeur

On dit qu'à l'île Bourbon cette espèce d'arum, au moment de la floraison, dégage une si grande chaleur, qu'il est presqu'impossible de la tenir dans sa main. La même propriété se rencontre, mais à un moindre degré, dans l'arum ou gouet commun de France, recherché pour sa belle fleur en forme de cornet.

Arum gobe-mouche — Piége

Aussitôt qu'un insecte se pose sur la fleur, celle-ci se referme et tient emprisonné au fond de sa corolle l'imprudent qui vient pour sucer la liqueur sucrée que contient l'arum et qui y trouve la mort.

Asclépias ou Arbre à l'ouate — Coquetterie

On lui a donné cet emblème parce que ses aigrettes soyeuses voltigent de toutes parts en se posant alternative ment sur les fleurs qui les entourent, mais au moindre souffle du zéphyr elles s'envolent. Afin de pouvoir récolter ces petites aigrettes, dont on fait une espèce d'ouate pour en garnir les lits, on est obligé d'entourer la plante d'un léger tissu.

L'espèce d'Europe appelée *dompte-venin* était anciennement dédiée à Esculape.

Asphodèle — Regret

Autrefois on plantait des bordures d'asphodèle autour des tombeaux. Les Grecs supposaient que les âmes des morts se plaisaient à regarder les fleurs blanchâtres de cette plante et qu'elles se nourrisaient de sa racine ainsi que de celles de la mauve. Ces deux plantes se rencontrent en effet dans les cimetières et les lieux incultes.

Astragale — Bienfait caché

Cette plante appartient à la famille des légumineuses. Ses fleurs sont presque entièrement cachées sous le duvet qui les entoure et ses feuilles sont ailées.

La gomme adragante employée en médecine, dans l'industrie et aux usages de cuisine, est tirée du tronc de certains astragales de la Syrie et de la Palestine.

Aubépine — Espérance et Prudence

La floraison de l'aubépine annonce la fin de l'hiver. C'est au mois de mai que cet arbuste se pare de ses fleurs qui, en embaumant l'air, annoncent que les frimas se sont éloignés.

Les Romains pensaient que l'aubépine avait le pouvoir de combattre les maléfices. Au jour de l'hyménée, ils en décoraient leurs maisons, et les jeunes filles offraient à la fiancée une corbeille remplie de cette charmante fleur. Dans quelques provinces de France on avait la coutume au moyen âge d'attacher un bouquet d'aubépine au berceau du nouveau-né.

Cette fleur, emblème de l'espérance, est encore celui de la prudence, car il faut prendre des précautions pour détacher une branche fleurie d'aubépine, afin d'éviter la piqûre de ses épines. Les oiseaux et surtout la fauvette aiment à faire leur nid au milieu de ce buisson odorant.

AUBÉPINE ET FAUVETTE

Quand la neigeuse aubépine
Nous prodigue ses flocons
Et qu'un doux vent les incline
Sur la route où nous passons,
Que dit alors la fauvette
A l'écho qui le répète
Aux bocages d'alentour?
Est-ce une sainte prière,
Dont Dieu seul sait le mystère?
Est-ce une chanson d'amour?

Est-ce la tendre ballade
D'une mère à ses petits;
Une hymne, une sérénade,
Pour les bercer dans leurs nids?
Quand la nature éveillée,
Sous la naissante feuillée,
Prélude par des concerts;
Que la goutte de rosée
Semble une perle enchâssée
Dans le bracelet des airs?

Ce que c'est, moi, je l'ignore;
Et cependant, chaque jour,
Comme un salut de l'aurore,
Sa voix vibre avec amour.
Dans tous les cas, voix et rose,
Aubépine fraîche éclose
Parant les bords du chemin,
Parfument l'air qu'on respire,
Et leur éclat semble dire:
Dieu sur nous étend la main!

LAURE HAZARD.

Azerole — Apreté, Aigreur

L'azerolier est une espèce de néflier qui produit des fruits petits, mais d'une forme élégante et d'une belle couleur rouge-orange. Ils excitent le désir de les manger, mais bien souvent, ils sont âpres surtout lorsqu'ils sont cueillis sur l'azerolier sauvage.

Baguenaudier — Amusement ou passe-temps frivole

Cet arbuste est très-recherché par les enfants qui s'amusent à faire éclater entre leurs doigts ses gousses vésiculeuses, ce qui leur procure un grand plaisir. On doit, pour être vrai, ajouter que les grandes personnes font souvent concurrence aux enfants dans ce frivole passe-temps.

Balisier — Amitié passagère

Les balisiers sont de grandes et élégantes plantes vivaces à larges feuilles alternes avec des fleurs d'un jaune vif ou d'un pourpre éclatant. Ils sont l'emblème d'une amitié passagère, parce que leur tige se fane au moindre vent.

Les Indiens et les Américains du Sud tirent de leurs graines une belle teinture pourpre.

Balsamine — Impatience

Ce symbole lui a été donné à cause de la promptitude avec laquelle ses graines, à l'époque de la maturité, sont lancées de leur enveloppe au moindre attouchement.

Voici les diverses balsamines avec leur signification :

Balsamine violette..... Caractère impatient.
—   blanche.... Pureté de sentiment.
—   rouge...... Activité, ardeur.

Et la balsamine enflammée,

dit un poète en parlant de cette dernière.

Bardane — Importunité

Cette plante croît naturellement dans tous les terrains et finit par étouffer la végétation. Ses calices se dessèchent, se détachent d'eux-mêmes et se fixent par les épines crochues de leurs écailles aux toisons et aux vêtements des passants, ce qui les fait nommer *teignes*.

Basilic — Pauvreté

L'artisan est heureux d'orner sa fenêtre d'un pot de basilic; chez les anciens, quand on voulait symboliser la pauvreté, on la représentait sous les traits d'une femme couverte de haillons, ayant les yeux fixés sur un pot de basilic.

Baume — Guérison

On donne le nom de baume à différentes espèce de menthes, à l'origan, ainsi qu'à quelques autres plantes de la famille des labiées.

Ces plantes ont été employées depuis la plus haute antiquité pour la guérison de nombreuses maladies, soit en infusion, soit en les mettant macérer dans l'huile à laquelle elles communiquent leurs vertus.

Belle de jour — Coquetterie

De même qu'une coquette, sûre de sa fraîcheur et de ses attraits, ne craint pas d'affronter les regards du jour, ce n'est qu'aux rayons du soleil que le *convolvulus belle de jour* épanouit sa brillante corolle d'azur au cœur d'or. Mais quand vient l'ombre, il se ferme et laisse sa sœur la *belle de nuit*, plus modeste, mais non moins recherchée pour son parfum, jouir à son tour des éloges qu'elle mérite.

Belle de nuit — Alarme d'un cœur sensible

Cette fleur redoute et craint l'éclat du soleil et ne fleurit que le soir.

> Solitaire amante des nuits,
> Pourquoi ces timides alarmes,
> Quand ma muse au jour que tu fuis
> S'apprête à révéler tes charmes?
> Si, par pudeur, aux indiscrets
> Tu caches ta fleur purpurine
> En nous dérobant tes attraits,
> Permets du moins qu'on les devine.
> Lorsque l'aube vient éveiller
> Les brillantes filles de Flore,
> Seule tu sembles sommeiller
> Et craindre l'éclat de l'aurore,
> Quand l'ombre efface leurs couleurs,
> Tu reprends alors ta parure,
> Et de l'absence de tes sœurs
> Tu viens consoler la nature.

Bétoine — Brusquerie

On a fait de cette plante l'emblème de la brusquerie, parce que si des épileptiques la touchent, leurs mouvement deviennent brusques et saccadés. Ses fleurs sont d'un rouge terne et sa tige est épineuse et velue.

Blé — Richesse, Abondance

La légende dit que ce fut Cérès qui enseigna à Triptolème, roi d'Eleusis, la manière d'ensemenser la terre. Cette déesse, voulant le récompenser de l'hospitalité qu'il lui avait accordée pendant qu'elle cherchait sa fille, lui donna un épi de blé, et comme un seul grain de cette céréale en produit jusqu'à cent vingt ou cent trente, ce présent devint la source des richesses de ce prince.

LE LABOUREUR

Sous un toit de chaume il se loge ;
Son réduit de luxe est privé ;
Le sol dur lui sert de pavé ;
Il n'a que son coq pour horloge.

Bien avant les premiers rayons,
Sous sa blouse de toile écrue,
Il s'en va pousser la charrue,
Dont le sol ouvre les sillons,

Et souvent la journée est lourde :
Il pâlit sous un ciel d'airain ;
Mais le filet d'eau souverain
Jaillit frais des flancs de sa gourde.

Puis, dans les sillons droit ouverts,
Le voilà qui jette ses graines....
Bientôt, avec leur port de reines,
Elles surgissent en brins verts.

Et le soleil, foyer superbe,
Gonfle et dore les hauts épis,
Où, pour vos plaisirs, sont tapis
Les bluets riant dans la gerbe.

C'est bien — le laboureur, alors,
Voyant se dérouler sa tâche,
Ne prend ni repos, ni relâche
Qu'il n'ait rentré tous ses trésors.

Vrais trésors, dont chacun devine
L'importance et l'utilité ;
Qui nourrissent l'humanité
Sous l'œil de la bonté divine.

Aimez, — de Dieu c'est le dessein,
Tout travail mérite qu'on l'aime,
Aimez, enfants, la main qui sème ;
Aimez-la, son labeur est saint.

C'est cette main forte et durcie
Qui fait sortir, du sol comblé
Vingt épis pour un grain de blé...
Et qu'à peine l'on remercie.

— O semeur pauvre et vigilant,
Que l'amour du sol aiguillonne,
Du terrain que le fer sillonne
Relève ton front ruisselant.

Tu nous rends la terre féconde ;
Tu devrais nous voir à genoux....
Aussi te glorifions-nous,
Vrai père nourricier du monde !

F. FERTIAULT.

Bon Henri — Affabilité, Douceur

Cette plante qui croît dans toutes nos campagnes, n'a pas un aspect brillant.

Mais, comme les autres membres de sa famille, la betterave, l'épinard et la poirée, elle possède de précieuses qualités alimentaires qui le font rechercher. Les anserines et surtout l'anserine *Bon Henri* sont aussi employées en médecine comme remède rafraîchissant.

Boule de neige — Ennui, Fatigue

La boule de neige est la fleur d'une espèce de *viorne obier* : on l'appelle aussi *rose de Gueldre*.

La viorne est un arbrisseau d'un port élégant, au feuillage touffu, et qui fait un charmant effet dans les massifs de nos jardins.

Malheureusement ses fleurs sont d'une bien courte durée, toujours penchées sur leur tige, la tête inclinée vers la terre, elles s'effeuillent à peine ouvertes, comme ennuyées d'être venues à la vie.

Bourrache — Changement

La bourrache est une plante très-commune, revêtue sur toutes ses parties de poils rudes qui la rendent assez difficile à cucillir. Ses fleurs sont roses, blanches ou le plus souvent bleues ; au moment de s'épanouir, le bouton est d'une belle couleur purpurine qui passe de suite à la lumière en un bleu d'azur.

Bouton de rose — Jeune fille

Par sa fraîcheur, par sa beauté naissante, le bouton de rose est l'emblème de la jeune fille qui, comme lui, va s'épanouir à l'amour et développer ses charmes à peine révélés. C'est ce qui a fait dire à Saint-Lambert.

> Votre beauté vermeille est un bouton de rose
> Où chaque feuille ombrage un amour qui repose.

Bouton de rose blanche — Cœur qui s'ignore

Un jour le cœur de la fillette de quinze ans s'émeut, et tout étonnée, elle éprouve des sensations inconnues.

> Tel ce bouton frais et vermeil,
> Qui dans l'hiver n'osait éclore,
> N'attendait, pour s'ouvrir, qu'un rayon du soleil,
> Ou qu'une larme de l'aurore.
>
> DELILLE.

Bouton d'or — Danger des richesses

Cette fleur est vénéneuse ; elle est surtout dangereuse pour l'enfance qui, charmée de sa brillante couleur, la cueille, la porte à la bouche, la mange, et se rend souvent très-gravement malade. C'est une renoncule.

Ce joli bouton satiné,
Qui sourit comme l'innocence,
Recèle un suc empoisonné,
Et souvent blesse l'imprudence.

Brize tremblante — Frivolité

Quelle est la jeune fille qui, parcourant les prairies, n'a pas cueilli ces tiges légères couronnées d'épillets flottant au moindre souffle du vent et qu'elles nomment les amourettes ? C'est la brize tremblante qui symbolise la frivolité et la mobilité des sentiments et de l'esprit.

Bruyère — Solitude

Les bruyères sont des végétaux élégants qui ne croissent que dans l'ancien continent. Elles aiment surtout les vastes espaces incultes, solitaires et dépourvus d'arbres.

Les unes forment des touffes arrondies, les autres des tapis serrés de plusieurs myriamètres d'étendue. Toutes sont remarquables par leur verdure persistante, la disposition et la couleur de leurs fleurs.

Parmi les espèces de France, nous citerons la bruyère commune à fleurs roses ou lilas, qui couvre des espaces immenses dans les landes de Bordeaux et de la Sologne. Les bestiaux la mangent avec plaisir quand elle est jeune, et elle donne un bon engrais.

Buglosse — Mensonge

En grec, buglosse signifie langue de bœuf. Les anciens se servaient de sa racine pour composer une espèce de fard qui, disaient-ils, empêchaient les rides ; les dames romaines recherchaient beaucoup cette composition qui faisait mentir leur âge.

Bugrane ou Arrête-Bœuf — Obstacle

La racine de cette plante est si forte que l'obstacle qu'elle oppose au soc de la charrue le brise quelquefois, sous l'effort des bœufs employés plus particulièrement au labourage dans le midi.

Dans la vieillesse, cette plante devient épineuse et constitu[e]
encore un autre genre d'obstacle à l'appétit des bestiaux o[u]
à la main du botaniste.

Buis — Stoïcisme

Ils n'est pas besoin que le terrain soit bon pour cultiver l[e]
buis ; cette plante supporte aussi bien le froid que le chaud.
On le voit pousser aussi vigoureux dans une bonne terr[e]
que dans un terrain sablonneux ou sur les rochers. Le[s]
jardiniers l'emploient généralement pour faire des bordure[s]
et soutenir les terres des corbeilles et des massifs.

Camellia — Talent modeste et vénéré

Cet arbre est originaire du Japon ; dans nos climats, il ne s'élève pas plus haut qu'un arbrisseau, on le cultive en terre tempérée, car il craint les nuits froides et les grandes chaleurs ; ses fleurs sont rouges, blanches, roses ou panachées. Nous devons le plaisir de posséder cette charmante fleur au père Camelli qui la rapporta en Europe, en 1739.

Caille-lait ou gaillet — Importunité

On trouve dans les champs plusieurs espèces de caille-lait dont les deux plus communes sont : l'une à fleurs jaunes,

l'autre à fleurs blanches. C'est à tort qu'on lui donne la pr[o]
priété de cailler le lait. Cette plante est vivace et, avec [ses]
racines, on obtient une couleur semblable à celle que don[ne]
la garance.

Caméline — Reconnaissance

Les graines contiennent une huile qui sert dans certai[ns]
pays pour l'éclairage. Les anciens Pictes employaient, di[t-]
on, sa racine pour se peindre le corps en bleu.

Camomille — Calme

Chacun connaît les vertus de cette fleur qui calme l[es]
crises nerveuses, combat les spasmes et dissipe les humeu[rs]
chagrines ; nos champs la voient croître naturellement [et]
nos jardins ne dédaignent pas ses touffes d'un beau ver[t]
semées de ses jolies fleurs doubles d'un blanc jaunâtre.

Campanule — Surveillance

La tige de cette plante est haute d'un demi-mètre, et d'un[e]
grande flexibilité ; elle croît dans les champs et se couvre d[e]
charmantes clochettes lilas.

> Voyez sur sa tige naissante
> S'élever cette fleur des champs,
> Aimable fille du printemps.
> Sur la verdure renaissante,
> Elle brille quelques instants.

On cultive beaucoup la campanule dans les jardins, sur[-]
tout celle qui donne de larges fleurs violettes ou blanche[s]
évasées et découpées sur les bords en cinq parties. Quelque[s]
personnes prétendent que la campanule a aussi pour sym[-]
bole — le travail — parce que cette fleur étant renversée [a]
la forme d'un dé à coudre.

C'est son nom, qui en latin signifie clochette, qui lu[i]
a fait attribuer l'emblème de la surveillance par allusio[n]
à la cloche pendue dans certains pays au cou des béliers[,]
des vaches et des chiens de berger qui surveillent le[s]
troupeaux.

Capillaire — Discrétion

Le capillaire est un genre de fougère qui croît dans les lieux retirés et sur les vieux murs ombragés.
Il est très-employé en médecine.

Capucine — Feu d'amour

C'est à l'Amérique méridionale que nous devons cette charmante fleur. L'espèce *souci-ponceau* nous a été apportée du Pérou en 1684. Le premier bouquet de la capucine péruvienne fut offert à Mme de Maintenon par Louis XIV.
Cette fleur laisse échapper spontanément des éclairs ou jets lumineux au moment des grandes chaleurs et surtout au commencement des soirées d'orage.

Carline — Isolement, Solitude

Au milieu des solitudes des Alpes, un joli animal saute de rocher en rocher jusqu'à ce que son œil perçant aperçoive au milieu d'un terrain calcaire une plante dont le réceptacle couché sur la terre, est aussi large qu'un artichaut. A cette vue le chamois s'élance et, tout heureux, se met à manger la *carline*. Malheureusement pour l'habitant des montagnes, un chasseur le guette, et pendant qu'il fait son repas, l'ajuste et le tue.

Carthame — Utilité

L'Egypte a donné naissance au carthame. Sa tige est droite, cylindrique et s'élève à la hauteur de deux pieds, ses feuilles sont piquantes et rudes, et ses fleurs d'un jaune doré sont solitaires. On en tire une couleur qui teint la soie depuis le rose clair jusqu'au rouge cerise : mais ce qui fait que les coquettes aiment beaucoup cette fleur, c'est que, mêlée au talc finement pulvérisé, elle entre dans la composition d'un rouge végétal très-recherché pour déguiser un teint jauni par les veilles et les fatigues.

4

Centaurée (petite) ou Chironée à petites fleurs roses —
Félicité

Philyre, nymphe de l'Océan, fut aimée de Saturne; elle en eut un fils qui fut le centaure Chiron et qui naquit avec le torse d'un cheval et le buste, la tête et les bras d'un homme. Sa mère ressentit une si grande horreur d'avoir mis au monde un tel monstre, qu'elle le chassa.

Chiron vécut dans les montagnes et devint, par la connaissance des simples, le plus habile médecin du monde. Cependant sa science lui fut inutile, car il eut la douleur de perdre sa fille Chironie d'un mal contre lequel tous les remèdes restent inefficaces, l'amour.

> Il ne s'en trouva point qui pût guérir son âme
> Du ferment obstiné de l'amoureuse flamme,
> Elle aimait un berger qui causa son trépas;
> Il la vit expirer et ne la plaignit pas.
> Les Dieux, pour le punir, en marbre le changèrent;
> L'ingrat devint statue; elle, fleur, et son sort
> Fut d'être bienfaisante encore après sa mort;
> Son talent et son nom toujours lui demeurèrent.
> Heureuse si quelque herbe eût su calmer ses feux;
> Car de forcer son cœur il est bien moins possible :
> Hélas! aucun secret ne peut rendre sensible ;
> Nul simple n'adoucit un objet rigoureux;
> Il n'est bois, ni fleur, ni racine,
> Qui dans les tourments amoureux
> Puisse servir de médecine.

LA FONTAINE.

Aux jours de fête les jeunes filles offrent un bouquet de petite centaurée au plus riche propriétaire du village.

En Orient, c'est la fleur qu'un amoureux envoie à celle qu'il aime pour lui demander de le rendre heureux.

Cerisier — Bonne éducation

Le cerisier est l'arbre qui répond le mieux aux soins de l'arboriculteur.

Ce fut le préteur Lucullus, aussi célèbre par sa gastronomie que par ses richesses immenses, qui, en revenant de l'Asie-Mineure, l'apporta à Rome vers l'an 680 avant J.-C.

Charme — Ornement

Sous le règne de Louis XIV, le bois de charme devint à la mode ; le célèbre Le Nôtre, intendant des jardins du roi, en orna le parc de Versailles, et, encore aujourd'hui, on se promène sous de longs rideaux de verdure formé par l'ombrage que donne les allées de charme.

Cet arbre ne sert pas seulement à l'ornementation, on l'emploie encore beaucoup dans le charronnage, pour fabriquer des manches d'outils, des roues, des vis à pressoir, etc.

Champignon — Soupçon

Le champignon est un végétal parasite. Il est difficile de distinguer un champignon vénéneux de celui qui est bon à manger. Malgré l'infaillibilité prétendue de certains chercheurs de champignons, on voit à chaque instant des familles entières mourir empoisonnées par des champignons sauvages.

Le mieux à faire est de s'abstenir de tous ceux qui ne sont pas vendus sur les marchés ; ils doivent être soupçonnés de propriétés vénéneuses.

Chanvre — Folie

Le chanvre a des propriétés narcotiques puissantes. Il existait dans l'Inde une secte dont le chef appelé *Vieux de la Montagne* l'employait pour enivrer ses adeptes. Les sommités du chanvre, préparées d'une certaine façon, fournissent le haschich, et c'est avec cet aliment enivrant que le *Vieux de la Montagne* plongeait ses disciples dans des extases délicieuses. Pour prix de ce bonheur éphémère, le chef exigeait d'eux qu'ils assassinassent ceux dont il voulait se venger ou ceux dont il convoitait les richesses.

C'est ce qu'ils faisaient sans hésiter et sous l'influence du terrible poison qui agissait sur leur cerveau.

Chardon à foulon ou Cardère — Utilité

Au temps où Dieu tout-puissant se révélait quelquefois à ses fidèles serviteurs, vivait un pauvre Arabe dont le travail soutenait à peine l'existence. Il possédait un petit champ dont la récolte était insuffisante à le nourrir. Une année entre autres avait été fatale pour lui. La pluie avait manqué et le soleil avait brûlé les tiges de blé à mesure qu'elles sortaient de terre ; le peu de semence qui avait grandi le consolait dans sa misère et lui promettait du grain pour semer l'année suivante, mais les sauterelles s'abattirent sur son champ, et en quelques instants, tout fut fauché et perdu à jamais. Il ne lui restait qu'un mouton qui trouvait à peine quelques rares brins d'herbe pour se nourrir.

Un matin que cet homme faisait sa prière et qu'il suppliait Allah de ne pas prolonger plus longtemps l'épreuve terrible à laquelle il s'était soumis jusqu'alors, deux voyageurs épuisés de faim et de fatigue, se présentèrent devant sa tente et lui demandèrent l'hospitalité. Leurs vêtements étaient déchirés et souillés par une longue route, leurs pieds saignaient, ouverts par le sable brûlant et par les épines du chemin.

Abdallah (c'était le nom de l'Arabe) les accueillit avec empressement, leur lava les pieds, leur prépara la seule couverture qu'il possédât pour qu'ils pussent y prendre quelque repos, puis il alla tuer son unique mouton pour recevoir le plus dignement possible les hôtes que le ciel lui envoyait. Lorsqu'il les vit succomber au besoin de sommeil, il se retira, les laissa seuls, et alla se coucher en travers du seuil pour être prêt à les défendre de tout danger.

Deux jours se passèrent ainsi ; les provisions d'Abdallah étaient épuisées, et il ne pouvait les remplacer. Le troisième jour il entra dans la tente et, se prosternant devant les étrangers, la tête découverte, il se meurtrit la poitrine et avoua en pleurant sa misère et son dénûment.

— Mais si Dieu, ajouta-t-il, ne me permet pas de remplir les devoirs de l'hospitalité jusqu'à la fin, je puis vous conduire près d'ici chez un uléma riche et puissant, dont les champs, couverts de moissons, s'étendent au loin, et dont les nombreux troupeaux paissent l'herbe de la plaine. Daignez venir avec moi, et pardonnez à mon impuissance.

Les deux étrangers suivirent Abdallah qui les mena à la demeure de l'uléma.

Celui-ci, magnifiquement vêtu, monté sur un superbe

cheval, allait partir pour la chasse; ses nombreux serviteurs l'entouraient portant ses faucons et tenant ses chiens en laisse. Il écouta l'humble requête du pauvre Arabe, jeta un regard de pitié sur les deux étrangers aux habits sordides et, se tournant vers un esclave.

— Qu'on donne deux galettes d'orge à ces mendiants, afin qu'ils puissent continuer leur route. Je ne puis les recevoir chez moi; mes tentes sont remplies de mes serviteurs et de leurs familles et mes récoltes encombrent mes magasins; je n'ai pas de place.

Aussitôt les vêtements des étrangers tombèrent, et deux jeunes hommes éclatant de jeunesse et de beauté apparurent aux yeux des Arabes frappés d'étonnement. Leurs tuniques étaient étincelantes de lumière et de longues ailes s'attachaient à leurs épaules.

—Nous sommes les messagers d'Allah, dit l'un d'eux. Merci, brave Abdallah, de ton hospitalité; et toi aussi, merci du pain qui devait nous soutenir dans notre voyage. Nous retournons vers Celui qui nous a envoyés; mais avant de quitter cette terre, nous devons reconnaître la bonté de ses enfants.

Et il remit à l'uléma ainsi qu'à Abdallah un sac de graines.

—Semez aujourd'hui, dit-il, le grain que renferme ce sac; il grandira sous l'œil de Dieu et récompensera votre charité comme elle mérite de l'être.

Puis ils disparurent dans un nuage de feu.

Les deux Arabes s'empressèrent d'obéir aux ordres de l'ange, et bientôt de nombreuses tiges percèrent le sol et le couvrirent de leur tapis verdoyant.

Abdallah voyait avec étonnement des feuilles et des rameaux épineux étendre leurs bras, et il attendait avec résignation que la volonté de Dieu s'accomplît.

Bientôt les fleurs apparurent; puis des têtes hérissées de crochets leur succédèrent : c'étaient des chardons.

— Que puis-je faire de ces plantes, se disait un soir Abdallah, et comment pourront-elles me sauver de ma misère? Que Dieu me vienne en aide!

Il s'endormit. Il vit en songe l'un des deux étrangers qu'il avait accueillis qui se tenait devant lui et le regardait avec bonté.

4.

— Zélé serviteur d'Allah, lui dit l'ange, cueille les têtes mûres des plantes de ton champ, vends-les aux femmes de ta tribu et à celles des tribus voisines; avec l'aide des chardons, elles carderont la laine des troupeaux, et remplaceront par un travail facile le labeur pénible et incomplet qu'elles accomplissaient jusqu'ici.

Abdallah se leva, fit ce qui lui était ordonné, et en peu de temps le bien-être et la richesse vinrent habiter sa demeure.

Pendant ce temps, le champ de l'uléma se couvraient de fleurs bleues aux pétales découpés, qui reflétaient la lumière du ciel.

— Si Abdallah, disait-il, a tiré tant de parti d'une laide plante épineuse, que ne dois-je pas attendre de ces jolies fleurs qui font un second ciel dans la plaine?

Les fleurs passèrent, de petites graines ailées les remplacèrent, et au fur et à mesure de leur maturité, le vent les emporta et les dissémina dans les champs de l'uléma, où, croissant avec vigueur, elles étouffèrent le blé : c'étaient des bluets, inutile végétation.

Cette légende nous apprend que Dieu lui-même ordonne l'hospitalité et qu'il punit celui qui désobéit à sa loi. Il nous enseigne aussi à préférer l'utilité à la beauté, et à ne mépriser aucun des dons qu'il veut nous faire, si léger qu'il puisse être en apparence.

Châtaignier — Prévoyance, Rendez-moi justice

Le fruit du châtaignier est une ressource sans pareille pour les habitants de certaines contrées qui les recueillent et s'en nourrissent pendant la saison d'hiver. La châtaigne engraisse les chevaux, la volaille, les porcs, etc., qui en sont très-friands.

Le châtaignier est un arbre magnifique qui atteint souvent des proportions énormes; son bois sert à une foule d'usages, et c'est sous son épais ombrage que se tenaient souvent les cours de justice présidées par les seigneurs du moyen âge.

Chélidoine — Lumière, Clarté

La chélidoine est une plante qui croît le long des routes et sur les murs ; elle renferme un suc jaune et épais dont on se sert pour faire passer les verrues. Autrefois on l'employait dans différents remèdes pour fortifier la vue : de là le nom de grande-éclaire sous lequel elle est connue.

Chêne — Hospitalité

Le chêne était autrefois consacré à Jupiter, Dieu des voyageurs. C'est en invoquant le nom redouté du maître des cieux, que l'étranger, égaré ou menacé par l'orage, demandait l'hospitalité qui ne lui était jamais refusée.

C'est aussi sous l'ombrage épais du chêne que s'abritent une foule d'oiseaux.

> Là, du plaisir tout a la forme,
> L'arbre a des fruits, l'herbe a des fleurs,
> On entend dans le chêne énorme
> Rire les oiseaux querelleurs.
> Et le ciel est plein de lumière,
> Et le ciel est plein de zéphirs.

Cheveux de Vénus — Sympathie

Cette plante fleurit depuis le mois de juin jusqu'en septembre ; ses fleurs sont d'un beau bleu céleste, de nombreux filets verts les entourent, ils sont très fins et ont un peu l'apparence de cheveux : de là son nom.

Elle est connue sous le nom de nigelle de Damas, par corruption nigelle des dames.

Chèvrefeuille — Liens d'amour

Le chèvrefeuille enlace amoureusement ses tiges souples autour du chêne, de l'orme et du charme. Il semble réclamer de l'arbre l'appui qu'une femme aimante demande à l'homme qui doit la protéger dans sa faiblesse. Le chèvrefeuille est encore désigné sous le nom de *fleur de miel*, exprimant ainsi combien il est doux de s'aimer. C'est à lui que s'adressent les vers suivants :

> Aimez longtemps, aimez, madame !
> Aimez sans honte et sans affront.
> L'amour est dans une belle âme,
> Comme une fleur sur un beau front.

Dieu, qu'on devine en toutes choses,
Dans le soleil qu'il donne au jour,
Dans le parfum qu'il donne aux roses,
Se voit tout entier dans l'amour.

L'amour, c'est la blanche corbeille
Où toujours on trouve une fleur ;
Ce n'est qu'un son pour notre oreille,
Mais c'est un chant pour notre cœur.

C'est sur un Océan sans grève,
Où tout est sombre, où tout est noir,
La chanson qui donne le rêve,
La chanson qui donne l'espoir.

Aimez ! — L'amour, c'est la croyance :
C'est un ciel presque toujours bleu !
C'est encore la plus belle stance
Du vaste poëme de Dieu.

Vous seule entendez tout entière
La voix conseillant chaque jour ;
Car l'un croit qu'elle dit : Prière !
L'autre croit qu'elle dit : Amour !

Cette voix dit : Il faut que l'âme,
C'est le Seigneur qui l'a voulu,
Joigne à l'amour qui fait la femme
La prière qui fait l'élu.

Suivez donc ce double mystère,
Cueillez la double fleur de miel ;
Amour ! c'est la fleur de la terre ;
Prière ! c'est la fleur du ciel.

ALEXANDRE DUMAS FILS.

Chicorée — Frugalité

C'est un excellente plante potagère peu nutritive, et bonne pour les convalescents. Elle vit de peu, aussi la rencontre-t-on souvent dans les endroits les plus arides qu'elle égaie de ses jolies fleurs bleues.

Chiendent — Persévérance

Cette herbe croît dans les lieux incultes, le long des haies et des vieux murs, et malheureusement aussi dans les champs cultivés où tous les efforts du laboureur suffisent à peine pour empêcher ses longues racines traçantes de tout envahir et étouffer.

Chou — Profit

Les Romains aimaient beaucoup ce légume et, ainsi que les Allemands, en faisaient un grand commerce. Tout est profit à cultiver le chou qui brave les rigueurs de l'hiver et dont la graine se vend fort cher.

Chrysanthème des prés — M'aimez-vous

Cette espèce est la grande marguerite des prés que chacun rencontre en se promenant à la campagne ; il est bien peu d'entre nous qui ne se soit amusé dans sa jeunesse à interroger cette jolie fleur, et qui n'en ait arraché les pétales d'un blanc d'argent pour leur demander l'oracle d'un amour partagé.

> Souvent la pastourelle,
> Loin de son jeune amant,
> Se dit : M'est-il fidèle ?
> Reviendra-t-il constant ?
> Tremblante, elle te cueille ;
> Sous son doigt incertain
> L'oracle qui s'effeuille
> Révèle son destin.
>
> CONSTANT DUBOS.

Ciguë — Trahison, Engourdissement

On donne ce nom à plusieurs plantes vénéneuses de la famille des ombellifères. L'une d'elles, la ciguë commune, croît au bord des champs et des haies. Les feuilles de cette plante, confondues trop souvent avec celles du persil, mangées par méprise, ont donné lieu à de graves accidents. Dans l'empoisonnement par la ciguë on emploie comme antidotes les acides végétaux, tels que le vinaigre, le jus de citron, etc., étendus d'eau.

Quand les Athéniens eurent injustement condamné Socrate à mort, ils choisirent la ciguë pour poison ; le bourreau présenta au sage une coupe remplie de ce funeste breuvage.

Mais Socrate, élevant la coupe dans ses mains :
« Offrons, offrons d'abord aux maîtres des humains
« De l'immortalité cette heureuse prémice. »
Il dit, et vers la terre inclinant le calice,
Comme pour épargner un nectar précieux,
En versa seulement deux gouttes pour les Dieux.
Et de sa lèvre avide approchant le breuvage,
Le vida lentement sans changer de visage.
Puis, sur son lit de mort doucement étendu,
Il reprit aussitôt son discours suspendu :
« Espérons dans les Dieux, et croyons en notre âme. »

Circée — Sortilége, Magie

Circé était fille du jour et de la nuit ; elle fut chassée de
son pays pour avoir empoisonné son mari, le roi des Sar-
mates, et alla fixer sa demeure dans l'île d'Œa. Dans cette
retraite, elle se livra à la culture des plantes qu'elle faisait
servir à la composition de philtres et de poisons. Ulysse
ayant abordé dans son île, elle essaya de le retenir auprès
d'elle, mais dans sa colère, et voyant qu'elle ne pouvait
réussir, elle changea ses compagons en bêtes fauves et voulut
aussi faire boire à Ulysse du même breuvage : par bonheur
Minerve qui veillait sur le roi d'Ithaque, l'en avertit et lui
donna les moyens de fuir.

Circé, devenue amoureuse du triton Glaucus, fut jalouse
de la nymple Scylla. Celle-ci étant venue lui demander un
philtre pour se faire aimer de Glaucus, Circé lui donna une
petite fiole en lui disant d'en boire la moitié, et qu'aussitôt
Glaucus l'épouserait. Scylla s'empressa d'obéir ; mais, ô sur-
prise ! à la place d'une charmante femme, on ne vit plus
qu'un épouvantable monstre dont la partie inférieure res-
semblait à un chien. La malheureuse Scylla éprouva une
telle horreur de sa métamorphose qu'elle se précipita dans
la mer, au fond d'un gouffre duquel les marins prétendaient
entendre sortir les aboiements d'un chien.

La plante appelée *circée* était célèbre chez les anciens
pour les évocations magiques. Cette fleur a une tige assez
haute, elle forme un joli épi rose, veiné de pourpre. Géné-
ralement elle recherche les lieux humides et pousse auprès
des ruines. Son infusion est enivrante.

Ciste — Jalousie

Aglaure, fille de Cécrops, avait consenti à servir les amours d'Hersé, sa sœur, avec Mercure. Minerve, indignée, la punit en lui inspirant une jalousie furieuse contre Hersé, puis elle lui donna un *ciste*, sorte de panier ou de corbeille, avec ordre de ne pas l'ouvrir. Elle désobéit et il en sortit un monstre à pieds de lézard. Alors, irritée et poussée par la jalousie, elle se précipita du haut de l'acropole d'Athènes.

La fleur du ciste composée de cinq pétales, ressemble un peu à une petite corbeille, et ses étamines sont très-irritables et s'agitent souvent sans cause apparente. Il en est ainsi de la jalousie, mal terrible qui n'a presque toujours pas raison d'exister.

Citronnelle — Douleur

Il est d'usage que les jeunes gens du duché de Holstein aient une branche de citronnelle soit à la main, soit à la boutonnière, quand ils suivent un enterrement.

Dans l'Inde, quand les femmes se brûlaient après la mort de leur époux, un brahme remettait à la veuve une branche de citronnelle au moment où elle montait sur le bûcher.

Citronnier — Désir de correspondre

Le citronnier ou limonier croît spontanément dans l'Inde ; il fut transporté en occident par les Califes, et de là en Italie et en Sicile par les Croisés. C'est un arbre de six à huit mètres de hauteur, à tête arrondie ; ses feuilles sont ovales, oblongues, pointues, articulées au point de leur attache ; ses fleurs sont blanches en dedans et violettes en dehors, elles naissent en corymbes au sommet des rameaux.

Tout le monde connaît le fruit du citronnier et les excellentes boissons rafraîchissantes qu'on retire de son jus, ainsi que l'huile essentielle que renferme son écorce. C'est un spectacle charmant que celui d'une plantation de citronniers, et l'on peut avec le poète exprimer ce désir :

> Pomone, étale-moi ton domaine superbe
> Où le citron, l'orange et le limon acerbe

D'un feuillage bien vert, aussi vif que brillant,
Dessinent en traits d'or leur groupe étincelant.

SAINT-LAMBERT.

Clandestine — Amour caché

Cette plante croît au pied des arbres, et ne se rencont[re]
que dans les contrées froides et humides de la France. Plan[te]
parasite aux jolies fleurs pourpres, elle se blottit sous [la]
mousse ou sous les feuilles sèches, mais au printemps on [la]
trouve et on peut lui dire :

En vain vous cachez sous vos voiles
De doux yeux, brillantes étoiles ;
Je vous aime et je vous attends.
Ainsi la goutte de rosée
Sur la verte mousse posée
Aspire au soleil éclatant.

PRINCE DE VALORI.

Clématite — Artifice, Tromperie

C'est avec le jus de la clématite des haies que les men[-]
diants se frottent pour simuler des ulcères et exciter ainsi l[a]
charité publique ; de là le symbole *artifice* appliqué à cett[e]
jolie fleur qui est très-recherchée par les jardiniers pour e[n]
orner les berceaux et en garnir les clôtures.

Coca — Bienfait suprême

C'est au milieu des hautes savanes de l'Amérique que croî[t]
cette précieuse plante qui a conservé la vie à tant de voya-
geurs. Dans ces déserts éloignés de toute communicatio[n]
avec l'homme, et qu'il doit traverser sans espoir de rencon-
trer aucune ressource alimentaire, l'Indien se munit d'u[n]
petit sac renfermant des boulettes faites de feuilles de coca
écrasées. Quelques-unes de ces doses lui suffisent pour pas-
ser plusieurs jours sans nourriture, tout en conservant se[s]
forces et son énergie pour atteindre le but de son voyage.

Colchique — Mes beaux jours sont passés

Cette plante est la dernière qui pare nos prairies de ses
jolies fleurs lilas rosé. Avec le suc de ses bulbes on fait des

préparations médicales qui sont employées avec succès contre l'hydropisie, la goutte et les rhumatismes. On dit que les Suisses attachent un collier de graines de colchique autour du cou de leurs enfants pour les préserver de toutes les maladies.

Convolvolus de nuit — Obscurité

Cette variété de liseron ne fleurit que la nuit ; par sa forme il ressemble beaucoup au lis, mais n'en a pas le parfum.

Coquelicot — Reconnaissance

Les fleurs de cette plante ont quatre pétales d'un rouge éclatant ; dans les champs de blé, sa beauté se révèle au milieu de ses compagnes, et les enfants charmés font de superbes bouquets en mêlant les coquelicots aux bluets, aux nielles et à la navette ; malheureusement le coquelicot se fane très-vite.

> Tendre fleur, qu'en fuyant chaque minute effeuille,
> Qui brille pour mourir dans la main qui te cueille.

En médecine on emploie avec succès la fleur du coquelicot pour calmer la toux de la coqueluche.

Coriandre — Mérite caché

Cette plante, de peu d'apparence, se couvre de petites ombelles blanches bientôt remplacées par des graines d'une odeur aromatique agréable, stomachiques, toniques et dont on fait un grand emploi comme épice.

Cornouiller — Durée, Dureté

Cet arbrisseau de six à sept mètres de hauteur, est rameux et son bois est fort dur : on en fait d'excellents manches d'outils.

Ses feuilles sont ovales et opposées ; les fleurs naissent avant les feuilles et forment de petites ombelles jaunes. Quant aux fruits, ils sont oblongs et d'un beau rouge à leur extrémité ; ils sont connus sous le nom de *cornouilles* et se mangent dans le midi. Il y a aussi une autre espèce fort com-

mune dans les bois et dans les haies que l'on appelle *le co*-
nouiller sanguin, à cause de la couleur de ses jeunes pou-
ses ; les fleurs de cette variété sont blanches et les frui
noirs à leur maturité.

Coudrier — Paix, Réconciliation et aussi Évocation

Le coudrier est une des espèces du noisetier.

C'est autour d'une branche de coudrier que Mercure tena
à la main, que s'enroulèrent les deux serpents qui se battaie
et dont ce dieu fit le caducée. On prétend aussi que Moï
frappa le rocher avec une baguette semblable, lorsqu'il e
fit jaillir l'eau qui manquait aux Hébreux. C'est probable
ment en se fondant sur cette croyance, que les prétendu
sorciers se servaient de la fameuse baguette de coudrier cuei
lie à minuit, le jour de la Saint-Jean, pour découvrir le
trésors et les sources cachées, pour évoquer les esprits, etc

Crapaudine — Artifice

Cette plante renferme un principe amer autrefois d'usag
en médecine.

Croix de Jérusalem — Foi, Fidélité à toute épreuve

C'est le lychnis de Chalcédoine.

A la fin du neuvième siècle, les chrétiens d'Orient étaien
très-malheureux ; ils se voyaient en butte aux continuels
mauvais traitements des infidèles. Un jour, le chef des pè-
lerins, accouru à Jérusalem pour prier au saint sépulcre, fu
arrêté et renfermé dans une étroite prison. Ce malheureu
était injustement accusé d'avoir voulu détourner une fort
somme d'or appartenant à un musulman.

De longues semaines s'écoulèrent et le pèlerin était de
plus en plus maltraité, car il ne pouvait avouer un crime
dont il était innocent. Appelé une dernière fois devant le
cadi, il fut condamné à mort.

La nuit qui précéda celle de son exécution, le chrétien fi-
dèle eut un songe : Il vit une armée composée de chevaliers
venant délivrer le saint sépulcre ; puis des anges apparurent,
lui apportant une branche dont les fleurs réunies en bouquet

élégant, jetaient un vif éclat par leur couleur vermillon. Chose étrange ! cette fleur offrait la forme d'une croix.

En marchant au supplice le pèlerin ne cessa de louer le Christ, et il mourut en bénissant le nom du Seigneur.

Plusieurs mois après, Godefroy de Bouillon à la tête d'une armée venait conquérir le saint sépulcre et chasser les infidèles de la ville de Jérusalem.

En apprenant le martyre du chef des pèlerins, Godefroy, afin de rendre un hommage éclatant à la mémoire du saint homme, convoqua les seigneurs croisés pour se rendre à son tombeau. Le cortége se mit en marche et l'étonnement de tous fut extrême quand on aperçut la tombe entièrement recouverte de fleurs rouges formant, par la disposition de leurs pétales, de petites croix.

La graine de cette plante fut soigneusement rapportée en Europe, et on lui donna le nom de *croix de Jérusalem*.

Cupidone bleue — Vous inspirez l'amour

Dans la Grèce, les jeunes garçons qui voulaient se faire aimer, allaient déposer des bouquets de *cupidone* au pied de la statue de l'*Amour*, afin de se rendre ce dieu favorable. Le jour de l'hyménée, les compagnes de la mariée lui offraient une couronne de cette belle fleur bleue, afin, disaient-elles, qu'elle fût toujours aimée de son époux.

Cuscute — Bassesse, Ingratitude

Cette plante parasite germe dans la terre, puis entortille sa tige filiforme autour d'une autre plante, se nourrit à ses dépens et quelquefois cause la mort de sa bienfaitrice en épuisant la sève de celle-ci.

Cyprès — Deuil, Douleur, Mort

Depuis la plus grande antiquité cet arbre est consacré à la mort ; les Romains enveloppaient souvent les cadavres avec ses branches, et une tige de cyprès, appendue aux portes des maisons, était un signe de deuil. Les bûchers destinés à consumer les corps étaient formés de cette essence, qui de nos jours est encore le symbole de la douleur et de la mort.

Son feuillage, toujours vert, persiste quand tous les autres arbres sont dépouillés de leur verdure.

> . . . . Et toi, triste cyprès,
> Fidèle ami des morts, protecteur de leur cendre,
> Ta tige chère au cœur mélancolique et tendre
> Laisse la joie au myrthe et la gloire au laurier.
> Tu n'es point l'arbre heureux de l'amant, du guerrier,
> Je le sais ; mais ton deuil compatit à nos peines.
>
> AIMÉ MARTIN.

Le cyprès chauve, originaire d'Amérique, atteint dans sa patrie une grosseur et une hauteur prodigieuses. Il y en a un au Mexique, dans le cimetière de *Sainte-Marie de Tesla*, qui a vingt-trois mètres de haut sur trente de circonférence. Il est mentionné par Fernand Cortez, qui abrita sous son ombre toute sa petite armée, quand il vint faire la conquête du Mexique. Ce colosse, toujours vivant et toujours vert, est un objet de haute vénération pour les Mexicains indigènes.

Cytise (faux ébénier) — Noirceur

L'aspect de cet arbre est charmant. C'est avec plaisir que l'on admire ses belles grappes de fleurs jaunes et la beauté de son feuillage ; mais le cœur de son bois est d'un noir d'ébène.

Dahlia — Reconnaissance

CETTE belle fleur, dont les riches et nombreuses variétés se comptent aujourd'hui par centaines, toutes revêtues des plus vives couleurs, n'était, en 1802, quand elle fut apportée du Mexique en France, qu'une fleur simple à disque jaune et à rayons rouge écarlate sombre.

Des sommes folles ont été dépensées par les collectionneurs de dahlias; des amitiés étroites ont été contractées par l'échange entre amateurs de quelques espèces rares; des inimitiés terribles ont été le résultat de la concurrence jalouse des perfectionneurs de cette plante.

Il est des individus qui, pour le dahlia, comme d'autres pour les tulipes, oubliaient tout et délaissaient les intérêts les plus sérieux; un malade à l'article de la mort dut même à cette fleur une guérison inespérée et voici comment :

Abandonné par tous les médecins, le moribond gisait sur son lit : ses parents n'avaient plus d'espoir, mais, pour l'acquit de leur conscience, ils avaient fait un dernier appel à la science représentée par trois illustres docteurs.

Le triumvirat était au chevet du malade, interrogeant le pouls, la langue, la respiration, hochant la tête et échangeant de temps en temps quelques mots latins.

Le patient, l'œil atone, râlait presque :

« Que vouliez-vous qu'il fît contre trois? »

Qu'il mourut ! »

dira-t-on avec le grand Corneille. Eh bien ! non, il ne mourut pas. Le doyen des princes de la science imposait son autorité pour qu'on fît une saignée à blanc, « ressource suprême, » disait-il ; ses deux collègues étaient d'un avis complètement opposé, ils luttaient, mais n'osaient entrer en contradiction complète avec une des lumières de la médecine. On allait signer d'un commun accord la consultation et laisser à la lancette le soin d'achever le pauvre homme, quand le Sangrado moderne, qui s'était approché de la fenêtre, pousse une exclamation de joie, ouvre la porte, descend l'escalier et se précipite dans le jardin, où resplendissait une magnifique et rare collection de dahlias. Là, absorbé dans sa contemplation, passant d'*Ibrahim pacha* à la *duchesse d'Aumale,* d'*Adonis* à *Arlequin*, admirant l'*Adrienne de Cardoville*, en extase devant l'*évêque de Bayeux*, hésitant entre *madame Giroux* et le *superlatif*, il oublie tout, consultation, malade, saignée et collègues ; on l'appelle, il n'entend pas ; on le fait chercher, il envoie le messager se promener et reste absorbé dans son admiration.

— Si nous donnions du bordeaux et des côtelettes saignantes à cet homme, dit l'un des deux docteurs restés près du malade? — Approuvé, répond l'autre et signons ensemble ; ce sera une leçon de politesse pour notre collègue aux dahlias. Ainsi fut fait, et le malade fut guéri.

Dame d'onze heures — Vous vous levez tard

La dame d'onze heures, belle d'onze heures ou ornithogale en ombelle, est une jolie petite fleur à six pétales blanc de lait à large raie verte sur le dos, et que l'on trouve dans tous les prés. Elle s'ouvre à onze heures du matin et sa durée n'est que de cinq ou six heures.

Dattier — Bienfait

Le dattier appartient à la famille des palmiers, il est originaire de l'ancien continent.

Les nombreuses oasis répandues sur le sol désert de l'Afrique ne sont que des bois ou agglomérations de dattiers, où l'on trouve à la fois le repos, la fraîcheur et la nourriture. Le fruit de cet arbre, nommé *datte*, est savoureux et sain : le bourgeon terminal du dattier se mange comme le chou palmiste ; de sa sève on fait une excellente liqueur vineuse ; ses jeunes feuilles servent de pâture aux chameaux ; quand elles sont plus fortes on en fait des nattes ; de leurs fibres on retire des fils susceptibles d'être tissés, et du tronc des dattiers on fait la base des constructions.

Datura — Charmes trompeurs

Le datura est en France une plante annuelle dont les longues fleurs, d'un blanc pur rayé de jaune ou de violet, répandent le soir une odeur suave. Malgré sa beauté, cette plante est bien trompeuse et toutes ses parties sont vénéneuses. Les Mexicains font avec son fruit une boisson qui cause un délire furieux.

La pythie de Delphes se servait, dit-on, d'un breuvage préparé avec une espèce de *datura* pour se procurer des extases prophétiques.

Dentelaire — Causticité

La dentelaire, surtout l'espèce du Cap, est une jolie plante à fleurs bleues que l'on cultive dans les terres tempérées.

Toutes les dentelaires renferment un principe gras nommé plombagine, qui teint en gris les doigts et le papier, et qui possède une vertu caustique très énergique. Aussi l'employait-on autrefois contre les maux de dents, les maladies cutanées. C'est un remède dangereux dans son usage ; les mendiants seuls s'en servent encore pour se faire des plaies superficielles et exciter la pitié publique.

Digitale pourprée — Consolation

Cette digitale est bisannuelle, elle fait l'ornement des jardins par ses longues tiges pyramidales couvertes de fleurs blanches ou pourpres.

On sait que les maladies du cœur, outre la souffrance

qu'elles causent, sont celles qui portent le plus à la tristesse et à la mélancolie. Les feuilles de la digitale séchées et pulvérisées fournissent un puissant remède contre ces affections; mais il faut dire aussi qu'il agit d'une manière terrible sur les fonctions de l'estomac et sur le système nerveux.

Dionée — Cruauté inutile

Le nom de cette plante est emprunté au surnom de Vénus, et lui a été donné parce que les plaques arrondies qui terminent ses feuilles ont la forme de la coquille appelée Vénus. Ces plaques sont couvertes de poils rudes qui laissent exsuder une liqueur sucrée et sont divisées par une charnière. Les mouches attirées par cette liqueur se posent sur la feuille; la charnière joue et l'insecte est écrasé; plus il fait d'efforts, plus la feuille augmente son étreinte qui ne cesse que quand l'animal a perdu tout mouvement. Alors les plaques de la dionée se rouvrent et s'étalent attendant une nouvelle victime.

Diosmée — Parfum divin

Le nom de cette fleur, originaire du cap de Bonne-Espérance signifie en grec odeur divine; elle est pénétrante et procure une douce langueur.

Doradille — Finesse

Espèce de fougère très-élégante du genre saplenium qui fait un charmant effet dans les bouquets par la disposition de sa feuille finement découpée. On la vend sous le nom de capillaire.

Doronic — Grandeur, Éclat

Cette plante croît dans les montagnes; la médecine l'emploie comme excitant, stimulant les fonctions de la peau, les organes du mouvement et la circulation. On s'en sert dans les affections rhumatismales et la paralysie.

La fleur est d'un jaune d'or éclatant.

Dracocéphale — Soumission, Obéissance

C'est une belle plante à fleurs d'un bleu violacé en forme de mufle. Elle possède une singulière propriété : lorsqu'on donne une position quelconque en haut, en bas, à droite ou à gauche à sa fleur, celle-ci, comme frappée de catalepsie, reste immobile, et ne reprend sa disposition première que longtemps après. C'est ce qui a fait nommer *cataleptique* une des espèces de dracocéphale.

Dragonnier — Défense

Les dracœna, fort à la mode aujourd'hui, sont de belles plantes de l'Inde. Leurs rameaux se bifurquent comme une fourche et sont couronnés par une touffe de feuilles en forme d'épées épineuses à leurs extrémités.

Dryade — Solitude

Les dryades étaient des nymphes qui présidaient aux forêts et qui vivaient à l'ombrage des grands arbres et surtout des chênes. Elles aimaient la solitude et fuyaient la présence de l'homme.

La fleur qui porte leur nom étale sa grande fleur solitaire, en forme de rose blanche, dans les lieux les plus inaccessibles.

Alcée.

BONTÉ

Elle enchaine les cœurs.

Ébénier — Noirceur

On connaît environ une trentaine d'espèces d'ébéniers dont les unes produisent le *bois d'ébène*, tandis que d'autres sont remarquables comme arbres fruitiers. L'ébénier qui nous fournit le bois d'ébène nous vient de l'Inde ; sa dureté est extrême et sa couleur est d'un noir foncé ; mais ces qualités ne lui sont acquises que dans un âge avancé, et c'est seulement le cœur de l'arbre qui devient compacte et noir. L'ébénier *kaki* originaire du Japon donne un fruit assez semblable à une prune de reine-claude, et le *plaqueminier* de Virginie fournit une petite baie excellente à manger dans le midi.

Échinops ou Boule azurée — Qui me touche se blesse

Belle fleur, d'un feuillage élégant, de la forme d'un gros chardon, cultivée comme plante d'ornement dans nos jardins. Elle est en forme de boule, et chacun de ses fleurons est défendu par de fortes épines.

Églantier — Poésie

La fleur de cet arbuste a été de tout temps la récompense offerte aux poètes.

Vers l'an 230 avant J.-C., les jeux floraux furent institués à Rome en l'honneur de la déesse Flore. A cette fête, de jeunes femmes improvisaient des chants et recevaient, pour prix de leur talent, des couronnes de fleurs d'églantier. Quand le christianisme eut renversé les idoles, les jeux floraux furent abandonnés, et ce fut seulement en 1322 que plusieurs troubadours se réunirent et fondèrent le *collége de la gaie science* pour encourager la poésie. Malheureusement les guerres civiles ne permirent pas à cette institution de subsister longtemps.

Il était donné à une femme de faire revivre les jeux floraux, et Clémence Isaure, noble dame de Toulouse, appela en 1490, auprès d'elle, les poètes de tous les pays. Là, devant une nombreuse assemblée, on jugeait les pièces de poésie qui étaient ou dites ou chantées; une *églantine* d'or ou d'argent était remise à celui qui avait été jugé digne d'obtenir le prix. Isaure laissa, en mourant, des biens considérables pour subvenir aux frais qu'occasionnaient les jeux floraux. En 1695, ils furent érigés en académie. Cette institution subsiste encore.

L'églantier est encore nommé *rosier de chien*, parce que les disciples d'Esculape regardaient sa racine comme souveraine pour guérir l'hydrophobie. Avec les fruits on fait en Allemagne d'excellentes confitures.

Dans les villages les jeunes filles reçoivent souvent une églantine comme marque de sympathie.

> Mariez le jasmin, le lilas, l'églantier,
> Et surtout que la rose, embaumant le sentier,
> Brille comme le teint de la vierge ingénue
> Que fait rougir l'amour d'une flamme inconnue,
> Ces trésors pour vous seul ne doivent pas fleurir.
> A la jeune bergère on aime les offrir.

Ellébore — Folie, Manie, Faux bel esprit

Cette plante était préconisée par les anciens comme un souverain remède contre les aberrations de l'esprit et les dérangements du cerveau. Elle croissait spontanément à Anticyre, île du golfe de Corinthe. Aussi, lorsque les Grecs entendaient un homme divaguer, ou le voyaient faire acte de folie, ils disaient: « Qu'il parte pour Anticyre. »

L'ellébore noir est connu dans nos jardins sous le nom de rose de Noël ; c'est un poison assez violent.

> Souvent notre bon sens malgré nous s'évapore,
> Et nous aurions besoin tous d'un grain d'ellébore.
>
> REGNARD.

Épervière — Je surveille

C'est sur le haut des murailles, au plus élevé sommet des ruines que l'on trouve cette plante semblable dans ses goûts à l'oiseau qui porte son nom et qui, perché sur des rochers arides, guette sa proie de son œil perçant.

Éphémérine de Virginie — Bonheur éphémère

Ses jolies fleurs bleues ne durent que quelques heures, mais elles se succèdent tous les jours, et, dès les premiers rayons du soleil, on voit leurs trois larges pétales s'épanouir, surmontés d'étamines d'une couleur d'or vif.

Épilobe à épi — Unissons-nous

Cette plante, qui croît dans les bois, porte sur une tige d'un mètre environ, de longs épis de fleurs, grandes, pur-purines et irrégulières. Leur calice, leur support, et les écailles qui les entourent sont d'un beau rouge pourpre. On trouve généralement l'épilobe réuni par famille de plusieurs pieds sur un espace restreint.

Épine-Vinette — Aigreur

Son fruit est très-acide, cependant quelques personnes l'emploient pour faire des confitures, mais, malgré la quantité de sucre qu'il faut y mettre, cette conserve est toujours un peu acidulée.

Eupatoire — Amour paternel

Les jardiniers et les entomologistes ont soin de semer les eupatoires autour des étangs et des lacs, afin que les bords s'embellissent bientôt de ces plantes aquatiques dont les fleurs blanches, roses et pourpres attirent un grand nombre de jolis insectes par l'odeur suave de miel qu'elles exhalent.

Cette plante était, dit-on, dédiée à Mithridate Eupator, roi de Pont, parce que, dans la langue grecque, *Eupatoire* veut dire *bon père*.

Euphorbe, Réveil-Matin — J'ai perdu le repos

Plus de cinquante espèces d'euphorbes croissent sur le sol de la France ; toutes renferment un suc plus ou moins épais, purgatif, émétique, vénéneux et d'un emploi très-dangereux. Si l'on a cueilli une euphorbe, et que l'on se frotte les yeux avec la main, les paupières s'enflamment et l'on passe alors ce qu'on appelle *une nuit blanche*.

Euphraise — J'y vois clair

Cette fleur, dont la corolle d'un beau blanc à gorge jaune est en forme de lèvres, croît dans les prairies.

La plante est légèrement astringente ; son odeur est agréable et douce, et on l'emploie avec succès pour combattre les maladies d'yeux et donner de la force à la vue.

Euryale — Amitié à toute épreuve

L'euryale est une fleur voisine de nos nymphéas ou nénuphars ; les Chinois en font grand cas.

Tout le monde a lu, dans l'Énéide de Virgile, le touchant épisode de Nisus et d'Euryale, ces deux jeunes Troyens qui pénètrent dans le camp ennemi et qui, surpris, se dévouent à la mort pour se sauver mutuellement.

Fenouil ou Aneth — Force

L E fenouil est de la famille des ombellifères. Cette plante est vivace, et atteint de un à deux mètres de hauteur. Sa tige est glabre et ornée de grandes feuilles d'un vert glauque. Quant aux fleurs, elle sont petites et d'un jaune vif. Le fenouil se cultive comme plante potagère ; sa saveur est douçâtre et aromatique. En Italie, les racines des jeunes plantes constituent un mets très-recherché, et on confit au vinaigre les jeunes pousses et les fruits verts.

Férule — Correction, Punition

La férule est une plante de deux mètres de hauteur ; sa tige est grosse, rameuse et souvent aplatie ; ses fleurs sont jaunes, disposées en ombelles trois par trois.

C'est de ses tiges que les maîtres d'école se servaient anciennement pour corriger les enfants confiés à leurs soins. Il n'y a pas un écolier qui ne se souvienne de la férule et des coups appliqués dans la main et qu'ils nomment *patoches*.

Feuilles mortes — Mélancolie

Une feuille morte annonce que les beaux jours vont bientôt nous fuir pour faire place aux frimas. La nature alors semble triste et mélancolique.

Feuilles vertes — Espérance

Dans tous les temps la couleur verte a été le symbole de l'espérance.

> La verdure paraît, ce présent le plus beau
> Que fasse la nature en sortant du tombeau.

Ficoïde éclatante — Vous brillez entre toutes

> De la main d'un ami qui pour vous les fit naître,
> Recevez ces modestes fleurs.
> Blanches et roses comme vous,
> Un rayon de soleil au jour fait apparaître
> Et briller leurs vives couleurs.
> Puisse ainsi le maître de tous
> Envoyer un rayon de bonheur en votre âme,
> Faire resplendir vos beaux jours
> Comme scintille aux cieux l'étoile aux jets de flamme
> Et vous bénir toujours.

L. DE P.

Cette fleur qui ne s'épanouit qu'aux rayons du soleil, est originaire du cap de Bonne-Espérance. Rien n'est plus joli que ses fleurs en rosettes blanches ou rose pourpre éblouissant, s'épanouissant au soleil.

Ficoïde glaciale — Vos regards me glacent

L'aspect de cette plante est très-extraordinaire. Recouverte en entier de petites vésicules cristallines, elle semble entourée de glaçons, et son éclat est d'autant plus vif que le soleil est plus ardent.

Figuier — Reconnaissance

Tous les figuiers contiennent un suc laiteux plus ou moins âcre. Leur cime est très-touffue, et s'appuie sur un tronc d'une grosseur proportionnée. Leurs feuilles luisantes sont d'un beau vert, quant aux fleurs elles sont, bizarrerie étrange, renfermées dans le fruit; c'est cette enveloppe qu'on mange.

Ce végétal paraît être originaire d'Orient ou de l'Afrique

septentrionale. Acclimaté dans toutes les contrées voisines de la Méditerranée, il ne réclame aucun soin de la part du cultivateur. Les figues sont un aliment sain et agréable, qui constitue la nourriture d'une grande partie des peuples d'Orient. On retire de ce fruit une boisson vineuse et même de l'eau-de-vie. Il y a plusieurs espèces de figuiers très-remarquables :

Le *figuier sycomore*, dont le bois incorruptible servait aux Égyptiens à renfermer leurs momies ;

Le *figuier élastique* des montagnes du Népaul qui fournit le caoutchouc.

Le *figuier des pagodes* qui joue un rôle important dans la religion des Indous et qui produit une sorte de laque.

> Où ces berceaux charmants, labyrinthes d'amours,
> Que les figuiers du Gange érigent sur son cours.

Fontinale — Votre ardeur me laisse insensible

La fontinale est une espèce de mousse aquatique que l'on trouve sous l'eau au fond des ruisseaux. On la rencontre en quantité dans les eaux thermales de Plombières.

Mise au feu, elle se calcine sans brûler ni s'enflammer. Linné l'avait recommandée pour isoler les foyers des cheminées des poutres ou boiseries qui se trouvent par derrière.

Fougère — Sincérité, Franchise, Durée

Boileau a dit :

> Elle voit le barbier qui, d'une main légère,
> Tient un verre de vin qui rit dans la fougère.

et après lui Roucher :

> Vois-tu de main en main passer rapidement
> La fougère où pétille un breuvage écumant.

La fougère est une plante qui renferme beaucoup de potasse, et pour cela ses cendres sont utilisées dans la fabrication du verre. Dans les vers ci-dessus, *Fougère* signifie *verre*. Or, comme on boit le vin dans un verre, et que « *in vino veritas* » dans le vin est la vérité, la fougère a servi de symbole à la sincérité.

Cette plante était dédiée à Bacchus, dieu du vin.

> Chère au fils de Semèle, odieux à Cérès,
> La fougère à son tour fleurit dans nos guérets
>
> CASTEL.

Quant à son autre symbole, les vers suivant l'expliquent,

> Vous n'avez point, humble fougère,
> L'éclat des fleurs qui parent le printemps ;
> Mais leur beauté ne dure guère ;
> Vous êtes aimable en tout temps.
>
> LÉONARD.

Foulsapate — Amour humble et malheureux

Cette plante est offerte par les pauvres Indous à celles qu'ils aiment ; les Parias la cultivent avec soin dans leurs jardins.

Frêne — Grandeur

Le frêne est un des plus beaux et des plus grands arbres qui croissent sur notre sol. Il aime les lieux humides où il atteint une hauteur remarquable ; son bois est très-recherché pour la charpente, l'ébénisterie, le charronnage, à cause de l'absence des nœuds.

C'est du frêne-blanc ou à feuilles rondes, dit aussi *frêne de Calabre*, que découle la manne, soit par incision, soit naturellement.

On croyait autrefois que le frêne était funeste aux serpents, d'où est venu le dicton :

> Dessous le frêne
> Venin ne règne.

Fraise — Bonté parfaite

Pendant presque toute l'année ce fruit fait les délices de nos tables par son exquise saveur. Il est répandu par toute la terre. On dit qu'au Chili il croît une espèce de fraise de la grosseur d'un petit œuf de poule, mais il est presque impossible de l'acclimater dans nos contrées. Si nos fraises des bois sont petites, elles ont une saveur qui l'em-

porte sur leurs autres sœurs, et Dieu, dans sa bonté, l'a f[ait]
naître, afin que le pauvre pût en profiter et comme dit [le]
poète :

> Dans l'herbe pour que tu la cueilles,
> Il met la fraise au teint vermeil !...

THÉOPHILE GAUTIER.

Fraxinelle — Je me consume d'amour

Cette plante vient du midi de la France ; ses feuilles re[s]-
semblent à celles du frêne, en latin *fraxinus*, ce qui lui [a]
valu son nom. Ses fleurs blanches ou purpurines forme[nt]
une élégante grappe terminale.

Elle possède une propriété singulière due à l'huile volatil[e]
qui s'échappe de ses glandes, surtout dans les chaudes soirée[s]
d'été. Alors cette secrétion est tellement abondante, qu'[il]
suffit d'approcher une bougie allumée pour que la fleur s[e]
trouve immédiatement entourée d'une atmosphère enflam-
mée, sans qu'elle en souffre aucunement.

Fritillaire ou Couronne impériale — Puissance, Majesté

Cette plante est une magnifique liliacée, dont les fleur[s]
pendantes en forme de tulipe renversée, forment une cou-
ronne ombragée par un panache de feuilles.

Son port est majestueux, mais certaines de ses partie[s]
exhalent une mauvaise odeur, ce qui l'empêche d'occuper
dans les parterres la place que lui mérite son élégance.

L'espèce appelée *damier* se trouve à l'état sauvage et ne
porte qu'une seule fleur blanche, jaune ou pourpre, tachetée
en damier. Elle a la forme d'un cornet à jouer aux dés d'où
son nom latin *fritilla*.

Fucus, Algues marines, Varechs — Instabilité, Incertitude

A la marée haute, la mer charrie les fucus qu'elle laisse
sur le rivage en se retirant : ces algues sont molles, d'un
vert sombre et ressemblent à de longues courroies ; les en-
fants des pêcheurs les ramassent avec soin pour les suspendre
à des ficelles ; quand elles sont sèches on les vend pour faire
des matelas. — Jouets constants des flots, les algues et autres

plantes marines n'ont, à proprement parler, aucune résidence fixe; elles errent constamment, poussées par les vents et par les courants.

Fuchsie ou Fuchsia — Grâce, Légèreté, Gentillesse

Cet élégant arbrisseau, aujourd'hui si commun et toujours recherché, est originaire de l'Amérique, où il prend des proportions énormes. Quelques-unes de ses espèces sont sarmenteuses et s'enroulent ou s'accrochent aux arbres gigantesques de ces contrées, dont elles couvrent les branches de leurs fleurs gracieuses et si légèrement découpées en formes de clochetons ou de toits de pagodes.

Fumeterre — Fiel, Amertume

Cette plante que l'on rencontre à chaque pas dans les champs et les moissons, où elle montre ses petites fleurs purpurines, est employée avec succès en médecine comme tonique, stomachique et contre les maladies de peau. Elle est d'une amertume désagréable, mêlée d'un certain goût de fumée d'où vient son nom.

Fusain — Vos charmes sont tracés dans mon cœur

C'est un arbrisseau d'Europe que l'on trouve le long des haies et de la lisière des forêts. Son bois assez dur sert à faire des fuseaux; calciné et réduit en charbon, il constitue le fusain dont se servent les peintres et les dessinateurs pour faire leurs exquisses.

Gaînier — Nouvelle Jeunesse, Vigueur renaissante

Tout le monde connaît le gaînier ou arbre de Judée, qui dès les premiers jours de printemps et avant même d'avoir produit une feuille, se couvre de fleurs rouges.

Mais c'est toujours sur le vieux bois et au milieu des rugosités de l'écorce, que ses fleurs s'épanouissent.

Galantine ou Perce-Neige — Heureux présage, Premier regard d'amour

Quand la terre est encore ensevelie sous un blanc linceul de neige, une charmante petite fleur, blanc mêlé de vert, montre sa gracieuse corolle pendante; elle annonce à tous la venue tant désirée du printemps et dit :

> J'ai sommeillé six mois sous mon voile de neige :
> Oh! que la neige est froide à l'âme d'une fleur !
> Mais je pousse ma tête au ciel qui me protége,
> Et je perce mon voile et reprends ma couleur
> Et je cause avec l'air dont je pleurais l'absence,
> L'air qui m'étreint d'amour et fait pleurer mon front
> Pour leurs premiers bouquets les enfants me prendront
> Et l'oiseau réchauffé chantera ma présence.

Mme DESBORDES-VALMORE.

Gattilier ou Agnus-Castus — Célibat, Chasteté, Existence sans amour

Cet arbrisseau, très-élégant, est indigène du midi de la France; il appartient à la famille qui a pour type la verveine. Ses fruits sont aromatiques et d'une saveur âcre, ce qui a fait donner au gattilier le nom d'arbre au poivre.

Chez les Grecs, pendant le temps des fêtes consacrées à Cérès, les femmes se faisaient un lit de ses rameaux pour conserver le calme des sens; son nom grec *agnos*, signifie chaste, dont *castus* est la traduction latine.

Genêt — Propreté

L'espèce de genêt dite *à balais* est très-commune en Europe. Chaque pied forme un buisson de un à trois mètres; c'est une plante extrêmement utile et dont toutes les parties sont employées.

De ses tiges, souples quoique résistantes, on fabrique des nattes, des balais et des paniers; brûlées, on récolte de leurs cendres une excellente potasse. Les fibres servent à faire des cordes ou des toiles grossières. En Belgique et en Allemagne, on confit au vinaigre les boutons du genêt et on les mange en guise de câpres.

Les sommités fleuries de cet arbrisseau sont employées avec succès en Espagne comme remède contre la rage; on les prend sous forme d'infusion, en ayant soin de percer chaque jour, avec une aiguille, les légères pustules qui apparaissent sous la langue.

Genévrier — Asile, Secours

Le genévrier abonde en suc résineux; ses fleurs sont peu apparentes, ses feuilles hérissées et aiguës servent de refuge au lièvre poursuivi par les chiens, car l'odeur forte qui s'exhale de toute les parties de cet arbrisseau, les met en défaut. La plupart des oiseaux frugivores, notamment les merles et les grives, recherchent avec avidité les baies du genièvre, et cette nourriture donne à la chair du gibier une saveur exquise.

Placé dans des conditions très-favorables, le genév[r]ier parvient à une hauteur de six ou sept mètres. Ses fruits *baies de genièvre*, sont de la grosseur d'un pois viole[t], d'une saveur aromatique, mais ils n'acquièrent leur parf[aite] maturité qu'après dix-huit mois à partir de l'époque d[e] floraison. Avec ces baies, les Hollandais font une esp[èce] d'eau-de-vie ; les vétérinaires les emploient avec succès p[our] guérir les animaux, car elles sont stomachiques, stimulan[tes] diurétiques et antiscorbutiques. Le bois du genévrier [est] incorruptible et sert aux ouvrages de marqueterie.

Gentiane jeune — Je suis à vous

Cette plante, qui croît sur les montagnes, s'élève à trois [ou] quatre pieds de hauteur, elle domine toutes ses compagn[es] et sa fleur, d'un jaune éclatant, semble dire : *Venez [me] cueillir, je suis à vous.*

L'odeur de la gentiane est forte ; en médecine elle est r[e]nommée comme stomachique et fébrifuge.

Germandrée — Plus je vous vois, plus je vous aime

Les plantes de ce genre sont très-communes dans nos bo[is]. Les feuilles de la germandrée marum, séchées et pulvé[ri]sées, provoquent l'éternuement et jouissent de toutes les pr[o]priétés de la sauge, de la menthe et du romarin.

La germandrée *petit chêne*, est la représentation en m[i]niature du roi des forêts, et l'on ne peut assez admirer l[es] détails délicats de ses différentes parties.

Géranium Robertin — Je puis parler

Cette plante, connue sous le nom d'herbe à Robert, s[e] rencontre dans les haies où elles montrent ses fleurs rouge[s] toujours accolées deux par deux. C'est un astringent qu[i] s'emploie avec succès contre les maux de gorge, les extinc[tions] tions de voix et les faiblesses du larynx.

Gesse odorante ou Pois de senteur — Plaisir délicat

Ses jolies fleurs blanches, roses ou violettes, exhalent u[n] parfum suave.

Une superbe châtelaine
De son regard observateur,
Parcourant un jour son domaine,
S'approche du pois de senteur,
Le regarde avec un sourire,
Craint de lui causer du chagrin
En en détachant un seul brin,
Le touche, le flaire, l'admire,
L'appelle un miracle des cieux,
Ne peut en détourner les yeux,
Et, comme à regret se retire
En disant : Il n'est rien de mieux.

ANATOLE DE MONTESQUIEU.

Giroflée des murailles — Fidélité au malheur

Elle fleurit sur les vieux murs des prisons, et sa vue récrée les prisonniers. C'est le *violier* ou *cheiri*, noms sous lesquels elle est connue dans toute la France. Cette fleur, d'une odeur suave, croît et prospère là où il semblerait qu'un brin d'herbe ne peut trouver son existence.

Que j'aime à voir la giroflée
Sur de vieux murs croître et fleurir ;
L'aspect de sa tige embaumée
Me fait tressaillir de plaisir.
Giroflée, au printemps,
Viens orner la tourelle
Et que ta fleur nouvelle
Ramène le beau temps.

Giroflée des jardins — Beauté durable

Cette charmante espèce est en fleur presque toute l'année.

Giroflée de Mahon — Promptitude

Au bout de quarante jours de semaille, cette variété donne des fleurs lilas rosé.

Giroflée double.	. . . .	Amour-propre.
— rouge.	. . . .	Dépit.
— jaune.	. . . .	Préférence.
— blanche.	. . . .	Simplicité, candeur.
— violette	. . . .	Sociabilité.

Giroflier — Dignités

Cet arbrisseau est originaire des îles Moluques ; il é[tait]
connu, dit-on, des Grecs et des Romains. Vers le XVII° siè[cle]
les Hollandais furent étonnés de voir un roi de ces îles a[voir]
toujours sur lui un morceau de girofle. Questionné à ce su[jet]
le roi de Ternate répondit : « Que c'était une plante envo[yée]
« par un bon génie pour guérir les maladies de ses b[ons]
« amis. »

Les Hollandais, avides de s'emparer des diverses [ri]-
chesses que renfermaient les îles Moluques, vainquirent [les]
naturels et devinrent les maîtres de ces contrées. Jaloux [de]
leur conquête, ils détruisirent les girofliers, n'en gardèr[ent]
qu'un petit nombre de pieds, afin d'avoir dans le comme[rce]
le monopole exclusif de cette épice ; ils écartaient avec u[ne]
vigilance jalouse les navires des autres nations. Mais [ces]
précautions furent déjouées par l'activité de *Poivre*, inte[n]-
dant des îles de France, qui chargea en 1769 un officier [de]
marine nommé Etcheverry, d'aller chercher des pieds [de]
girofliers. Ce dernier aborda à l'île de Guerby, et, à force [de]
présents il obtint du roi ce qu'il désirait. Après avoir é[té]
poursuivi par cinq vaisseaux hollandais, il revint à l'Ile [de]
France, ramenant ses précieuses graines. Quelques ann[ées]
plus tard, toutes les nations purent faire le commerce [du]
girofle.

Les Indiens confisent le girofle au sucre, ce qui constit[ue]
un mets délicieux ; ils l'emploient aussi comme parfum et [ils]
s'en frottent le corps pour réchauffer la peau et rendre [le]
mouvement aux membres paralysés ; ils avalent une prépa[-]
ration faite avec cette épice pour calmer la colique et arrêt[er]
la diarrhée.

Chez nous, le girofle est seulement employé pour assa[i]-
sonner les viandes et aromatiser les liqueurs. Ce qui e[st]
appelé dans le commerce clou de girofle, est le bouton de [la]
fleur cueilli avant son épanouissement et séché au solei[l.]
Aux îles Moluques, le roi donnait comme signes de distinc[-]
tion à ses officiers, des clous de girofle dont ils se faisaie[nt]
des colliers.

Giroselle — Toute-puissance, Volonté suprême

Belle plante de l'Amérique septentrionale, dont la hampe est terminée par une ombelle de douze grandes fleurs roses, dont le limbe est redressé comme dans les cyclames.

Les botanistes l'ont nommée *dodécathéon*, qui signifie *douze dieux*, en l'honneur des douze grands dieux de l'Olympe qui résumaient en eux toutes les puissances.

Glaïeul — Défi, Provocation

Magnifique plante aux feuilles minces, larges et aiguës, taillées en forme de glaives, d'où son nom latin *gladiolus*. Elle est cultivée par les amateurs et on en possède de riches variétés. L'espèce sauvage connue dans le midi, porte un épi de fleurs rouges, placées toutes sur un seul côté, comme tous les glaïeuls. Le port de cette plante est fier et élancé.

Glycine — Votre amitié m'est douce et précieuse

Comme presque toutes les plantes grimpantes, la glycine est un emblème de l'amitié réciproque : elle a besoin d'appui et se plaît à entourer de son vert et beau feuillage les arbres et les murs de son voisinage et à les couvrir de ses magnifique grappes de fleurs bleu lilacé.

En Chine et au Japon, cette plante a été l'inspiratrice du poète. Elle prépare les réconciliations et celui qui trouve attachée à sa porte une branche de glycine, court chez son ennemi, le remercie de son initiative, lui tend les bras, et les griefs réciproques sont oubliés.

Graminées — Dévouement, Utilité

On connaît plus de deux mille espèces de graminées. Ces plantes se rencontrent sur toute la surface du globe, depuis les contrées les plus brûlantes, jusqu'aux limites de la végétation. Parmi les plus utiles on compte le blé, l'orge, l'avoine, le millet, le seigle, l'alpiste, le sorgho, le riz, le bambou, la canne à sucre, etc. Non-seulement l'homme leur doit sa principale nourriture, mais encore les animaux ruminants et une foule d'oiseaux.

Familles bienfaisantes, aimables graminées,
De vos modestes fleurs les humbles hyménées
Devraient être bénis par tout le genre humain,
Car c'est à leurs amours que l'homme doit son pain.

Grateron — Rudesse, Mauvais vouloir

Le grateron est une espèce de gaillet ou caille-lait, do[nt]
toutes les parties sont couvertes d'aspérités rudes, hérissé[es]
qui les font s'accrocher aux jambes des passants. On a tou[te]
sorte de peine à s'en débarrasser.

Gratiole ou Herbe au pauvre homme — Remède dangere[ux]

Cette herbe croît dans les prés. Les pauvres gens en fo[nt]
usage pour se purger, mais il faut l'employer avec une ex-
trême prudence, car une dose trop forte pourrait amener [la]
mort ou tout au moins de graves désordres dans les inte[s]-
tins.

Grenade, fruit — Indiscrétion

Proserpine, fille de Cérès, avait été enlevée par Pluton
roi des enfers qui l'avait faite reine de ce sombre séjou[r].
Cérès, sa mère, implora Jupiter et lui demanda que sa fill[e]
fût rendue à la lumière du jour.

Le maître des dieux le lui promit à la condition que Pro-
serpine n'aurait rien mangé depuis son séjour aux enfers.

Or, la jeune fille avait trouvé une grenade et en ava[it]
mangé sept grains ; nul ne l'avait vue si ce n'est un jeun[e]
homme, Ascalaphe, qui révéla le fait, et Cérès dut remonte[r]
seule sur la terre. Pour punir Ascalaphe de son indiscrétion
elle le changea en hibou.

Grenadier, branche de feuille sans fleur ni fruit — Mauvaise
foi, Duplicité

Les Romains avaient trouvé cet arbre dans le pays des
Carthaginois qu'ils nommaient *Puni* ; ils l'appelèrent *pom-
mier punique* (malum punicum).

La mauvaise foi des Carthaginois suscita entre Carthage et
Rome une longue suite de guerres, connues sous la dénomi-

tion de guerres puniques, et qui finirent par la ruine de la
première de ces deux villes.

Le grenadier fut adopté alors, comme l'emblème de la
duplicité.

Grenadier, fleur — Fatuité, Suffisance

La fleur du grenadier est d'un rouge de vermillon éblouis-
sant, mais elle n'a aucune odeur. Son suc tache les doigts
et possède une saveur fortement astringente ; elle n'a que
l'apparence.

Grenadille ou Passiflore, vulgairement Fleur de la Passion — Culte, Croyance, Religion

Les plantes qui portent le nom de passiflores sont nom-
breuses et sont presque toutes grimpantes. C'est dans les
forêts de l'Amérique intertropicale qu'il faut aller pour les
voir dans toute leur splendeur, soit qu'elles laissent pendre
en festons flamboyants leurs longues tiges chargées de
fleurs d'un pourpre étincelant, soit qu'elles accrochent leurs
vrilles aux buissons qu'elles décorent de leurs charmantes
fleurs bleues, blanches, roses, lilas ou violettes.

Elles tirent leur nom de grenadille de la forme et de la
contexture de leur fruit qui renferme des graines entourées
d'une pulpe sucrée et disposées comme celles de la grenade.

Ces fruits sont souvent d'une saveur exquise et d'une odeur
délicieuse.

Les organes centraux de la fleur du passiflore tels que
les pistils, les étamines, les nectaires, etc, affectent des formes
particulières dans lesquels les anciens chrétiens ont cru re-
connaître les instruments de la passion de Jésus-Christ,
tels que le marteau, les clous, la couronne d'épines, le ro-
seau, etc.

Groseillier — Je vis heureux partout

Cet arbuste, dont les diverses variétés et espèces produisent
des fruits connus de tout le monde, se rencontre aussi bien
sous nos climats que dans les régions glacées de la Sibérie.

Tantôt à l'ombre, tantôt au soleil, sur un terrain sec ou

humide, pierreux, sablonneux, aride ou fertile, le groseilli[er]
fleurit et fructifie toujours, offrant au voyageur ses baies r[a]-
fraîchissantes et antiscorbutiques.

Gui — Je surmonte tous les obstacles

Le gui se nourrissant uniquement de la sève des arbre[s]
sur lesquels il s'attache, on conçoit qu'il devient un parasi[te]
très-nuisible, aussi les arboriculteurs soigneux ne manquen[t]
pas de l'extirper de leurs vergers. Cependant, comme s[es]
racines sont fortes, il est difficile de détruire le gui : souven[t]
alors de beaux arbres fruitiers meurent pour être trop aimé[s]
de ce faux ami.

C'est de l'écorce du gui que l'on tire la glu dont on se se[rt]
pour prendre les oiseaux.

Guimauve — Bienfaisance

Cette plante qui croit spontanément sur tout le sol de l[a]
France est très-usitée en médecine. Sa racine, ses tiges e[t]
ses fleurs possèdent des vertus bienfaisantes, surtout pou[r]
combattre les affections catarrhales et les maladies où il y [a]
irritation et inflammation.

Hélénie — Pleurs

LA célèbre Hélène, après avoir abandonné Ménélas, son mari, pour suivre Pâris, revint en Grèce aussitôt après la défaite des Troyens ; mais, devenue veuve, cette princesse fut contrainte de quitter Sparte et de se retirer à Rhodes. Poursuivie par la haine de Polyxo dont le mari avait péri au siége de Troie, Hélène fut enfermée dans une tour. La reine de Sparte versa tant de larmes que celles-ci en tombant sur la terre, donnèrent naissance à l'*hélénie*, fleur jaune d'un aspect assez mélancolique. Cette plante est plus connue sous le nom d'*aunée officinale*.

Hélianthe, Soleil ou Tournesol — C'est vous seul que j'aime

Le mot hélianthe signifie fleur du soleil et son large disque entouré de fleurons jaune d'or rappelle la forme de cet astre.

La nymphe Clytie aimait tendrement Apollon qui la payait de retour ; mais bientôt il la délaissa pour Leucothoé. Clytie, éperdue de douleur et de jalousie, se laissa mourir de faim. Le dieu du jour, touché de cette marque d'amour, la changea en une fleur qui porte le nom de tournesol.

Cette fleur présente toujours le centre de son disque aux

6.

rayons du soleil, elle tourne sur sa tige en la tordant jusqu'à ce qu'il ait disparu dans les brumes du couchant. Sa tige alors se détord et le lendemain matin aux premiers feux de l'aurore, la fleur se dresse de nouveau devant ses anciennes amours.

> Là sur ce tertre, pour éclore,
> La fleur, amante du soleil,
> Attend que l'Orient vermeil
> Reçoive le dieu qu'elle adore.
>
> ROUCHER.

Hélichryse — Vous êtes éternellement belle

Cette plante, originaire de la Nouvelle-Hollande, porte des fleurs composées d'écailles et de bractées d'un jaune d'or luisant et éblouissant qui conservent tout leur éclat en se desséchant.

Son nom signifie *soleil d'or*. On en possède une espèce à fleurs argentées d'un éclat très-vif.

Héliotrope — Je vous aime

Ce fut en 1740 que le célèbre Joseph de Jussieu découvrit cette plante dans les Cordillères du Pérou où elle forme des buissons épais.

L'odeur de vanille qu'exhalait sa fleur était si suave, son port si élégant, qu'il résolut d'en doter sa patrie et qu'il la rapporta en France.

Dès lors toutes les dames l'adoptèrent avec enthousiasme et le bouquet d'héliotrope était obligatoire pour toutes les fêtes.

Au Pérou cette fleur est un aveu d'amour et bien souvent ici, une femme, en donnant une tige de son bouquet à celui qu'elle préférait, ne se doutait pas qu'elle ne faisait qu'imiter les filles des Incas.

Hémérocalle — Je persévère

Sa fleur jaune fournit beaucoup de miel aux abeilles ; son odeur se rapproche un peu de celle que répand la jonquille. Éclose le matin, l'hémérocalle meurt le soir ; mais aussitôt

ne autre fleur vient remplacer sa sœur dont les pétales
ont tombés fanés.

Herbe aux perles ou Grémil — Simple parure

Le grémil est une petite plante qui croît dans les champs et
le long des haies.

Ses fleurs jaunes, bleues, purpurines, blanches ou vio-
lettes, ont la forme de celles de la bourrache, ses graines
rondes et d'un beau gris de perle servaient à faire des colliers
auxquels on attribuait des vertus médicinales.

Hêtre — Prospérité

Le hêtre croît très-vite et produit une grande abondance
de faines ou graines propres à faire de l'huile.

Employé comme bois de chauffage, il donne une flamme
pétillante.

> Souvent à mon foyer champêtre,
> Je me fais un utile jeu
> De voir consumer par le feu
> Le tronc vénérable d'un hêtre.
>
> YOUNG.

Hortensia — Réputation déchue ou Gloire oubliée

Découverte au Japon par Commerson, cette plante, aujour-
d'hui si commune, fut rapportée vivante dans le jardin de
Kew, en Angleterre, en 1790. Elle reçut le nom d'hydrangée
qui veut dire « qui se plaît dans un vase d'eau » et se vendait
au poids de l'or; maintenant elle est à vil prix.

L'on croit à tort qu'elle fut cultivée d'abord à la Malmaison
et qu'elle y reçut le nom de la reine Hortense; il n'en est rien.
Comme cette plante faisait alors l'ornement des jardins, on
l'appela *hydrangea hortensis*, c'est-à-dire hydrangée des
jardins.

Commerson en fit ensuite le genre Lepautia, dédié à son
ami le célèbre horloger Lepaute et comme la femme de celui-
ci s'appelait Hortense, il y ajouta le nom de hortensia qui a
prévalu sur la désignation scientifique.

Houx — Résistance, Prévoyance

Le houx résiste aux rigueurs de l'hiver et conserve un feuillage toujours vert. Son bois est flexible et résistant, d'une couleur tantôt jaunâtre, tantôt verdâtre, et ces qualités le font rechercher par les ébénistes qui l'emploient pour les ouvrages de marqueterie. La nature, toujours bonne et prévoyante pour ses créatures, permet que le houx conserve ses fruits l'hiver afin que les petits oiseaux puissent s'en nourrir.

Hyacinthe ou Jacinthe — Jeux, Divertissements

D'après la mythologie, Hyacinthe était un jeune homme également aimé d'Apollon et de Zéphire. Un jour qu'ils jouaient tous les trois au palet, Zéphire crut s'apercevoir que Hyacinthe favorisait Apollon. La jalousie s'empara de lui et il lança le palet à la tête d'Hyacinthe qui tomba mort. A cette douloureuse vue, les larmes d'Apollon coulèrent, et comme il ne voulait pas que le souvenir de son ami s'effaçât de la terre, il le changea en une fleur qui porte son nom,

Gentillette
Fleurette.
Ornement des halliers,
Qui, gracieuse, éclot aux rayons printaniers ;
Hyacinthe embaumée,
Auprès de toi, le soir,
J'ai vu souvent s'asseoir
Le tendre amant près de sa bien-aimée.

Fleurs des champs
C'est la SIMPLICITÉ la vertu des belles âmes.

If — Tristesse, Chagrin, Deuil

Cet arbre à bois très-dur, incorruptible, à feuilles d'un vert noirâtre et vénéneuses présente un aspect sombre et mélancolique. Les anciens croyaient que l'if donnait la mort à ceux qui s'endormaient sous ses rameaux : cette croyance est exagérée, mais ce qu'il y a de certain, c'est que son ombrage est nuisible aux plantes, et que son voisinage peut causer de violents maux de tête soit à ceux qui restent longtemps exposés à ses émanations, soit aux jardiniers qui taillent ses branches. Ses fruits rouges sont agréables au goût, mais il faut s'en défier.

Immortelle — A jamais, Toujours

Cette plante dont les couleurs vives persistent durant de nombreuses années est bien le symbole du sentiment durable que l'on éprouve pour ceux que l'on aime. L'immortelle bien moins belle que la rose, doit lui être préférée, car elle dure toujours, tandis que l'autre passe.

LA ROSE ET L'IMMORTELLE

Un beau jour du printemps, la jeune Eléonore
Descendit au jardin pour cueillir un bouquet;
Attirant ses regards, le jasmin et l'œillet
La rendaient incertaine encore.

> Bientôt elle aperçoit, dans le coin d'un bosquet,
>   La rose qui venait d'éclore ;
> Et qu'un bouton, présent de Flore,
>   Par sa présence embellissait.
>
> A ses pieds se montrait une simple immortelle,
>   Dans tout l'éclat de sa fraîcheur :
> Moins vive que la rose et peut-être moins belle,
>   Elle plaisait par sa douceur.
>
>   Eléonore aussitôt vole
> A l'endroit où ces fleurs croissaient paisiblement,
>   Et n'écoutant qu'un goût frivole,
> Elle choisit la rose et s'en pare à l'instant.
>
>   Son attente fut bien trompée ;
>   La rose lui plaisait d'abord,
>   Mais le soir elle était fanée.
>   L'immortelle était fraîche encor.
>
>   Jeunesse, imprudente jeunesse
>   Tu préfères à la sagesse
>   Un faux éclat qui te séduit.
>   Apprend le sort qui te menace :
>   Il est un âge où la beauté s'efface,
>   Mais la vertu jamais ne se détruit.

Mlle HOMBERG.

Iris — Bonnes nouvelles

Iris était fille de Thaumas, fils de la Terre. Son père l'ayant placée auprès de Junon, cette jeune fille devint bientôt la favorite de la déesse à laquelle elle n'apportait jamais que d'heureuses nouvelles. En récompense de ses bons services, elle fut changée en *arc-en-ciel* et c'est elle qui apparaît dans le ciel pour annoncer le beau temps aux hommes.

> Et l'élégante Iris, qui retrace à mes yeux
> Dans sa variété l'arc humide des cieux.

ROUCHER.

En effet, la fleur de l'iris est d'une forme gracieuse et présente toutes les couleurs de l'arc-en-ciel, aussi a-t-elle reçu le nom de la messagère des dieux.

Iris blanc . . . . Ardeur.
— bleu . . . . Confiance.

Iris flambé ou d'Allemagne — Flamme.

Quand ce bel iris se trouve sous les rayons du soleil couchant, il ressemble à une flamme éclatante.

Les racines de tous les iris, desséchées et pulvérisées, exhalent une odeur plus ou moins prononcée de violette.

Ivraie — Vice, Méchanceté

Cette graminée est d'autant plus dangereuse qu'elle croît de préférence dans les blés ; il faut avoir bien soin que sa graine ne se trouve pas mêlée avec celle du froment, car elle communiquerait au pain des qualités pernicieuses susceptibles de produire des nausées, des vomissements, des vertiges, de l'ivresse, des tremblements, une privation momentanée de la vue, etc. On doit voir dans l'ivraie l'image du méchant qui cherche à nuire à son prochain.

Ixia — Vous faites mon tourment

Les *ixia* sont de jolies plantes dont les fleurs à six pétales souvent disposés en roue rappellent le souvenir d'Ixion, roi orgueilleux qui avait osé déclarer son amour à Junon, et qui, pour ce manque de respect, fut condamné à être attaché à une roue tournant sans cesse.

Ces fleurs sont peu difficiles à cultiver et la variété de leurs nuances est très-grande ; quelquefois elles sont odorantes.

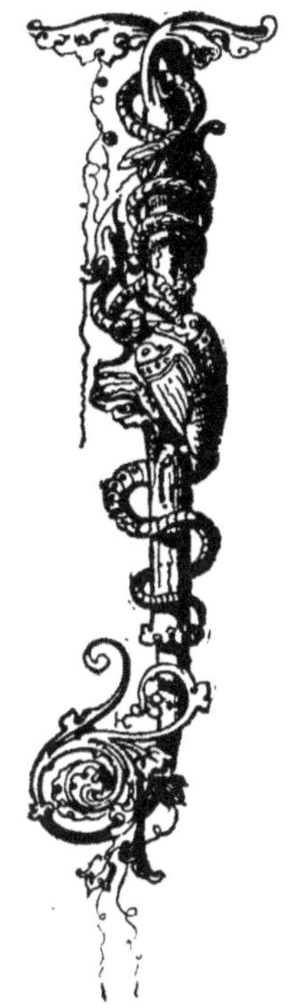

Jasione — Source de richesse

Au milieu des Pyrénées et sur les pelouses sèches des montagnes du midi, on rencontre une jolie fleur bleue c'est la jasione.

La mythologie raconte que Jasion, fils de Jupiter et d'Électre fut aimé de Cérès, déesse de l'agriculture; il en eut un fils nommé Plutus qui fut le dieu des richesses.

Jasmin blanc — Amabilité

Cette gracieuse plante est originaire de l'Asie. Ses tiges sarmenteuses qui atteignent quatre à cinq mètres de longueur, se couvrent de fleurs odorantes dont le parfum est très-recherché et forment de charmantes palissades.

> Le jasmin blanc qu'un fil savant dirige,
> De jets nombreux enrichit l'espalier.

CAMPENON.

Jasmin jaune — Bonheur

Cette plante, originaire de l'Inde, se.rencontre très-souvent dans le midi ; elle donne des fleurs jaune d'or, d'une grande suavité.

> Là, du jasmin doré la précoce famille
> Brille avec le rosier à travers la charmille.
>
> ROUCHER.

Jérose — Soulagement à la souffrance

Cette plante dont le nom n'est que la contraction de celui de *rose de Jéricho* ou *rose de Jésus*, sous lequel elle est plus connue, n'a que dix ou douze centimètres de haut. Elle porte des fleurs blanches que remplace un petit fruit rond ; quand celui-ci est mûr, toute la plante se dessèche, les rameaux se recourbent en dedans comme un peloton , puis le vent les emporte et les roule jusqu'au travers des sables de l'Égypte et de l'Arabie. Dans cet état, si l'on plonge les racines de la Jérose dans l'eau ou si on l'expose à l'humidité, elle s'étale et reprend sa forme première, pour se contracter de nouveau et toujours ainsi.

Une légende rapporte, que lors de la fuite en Egypte, la Vierge mit sécher les langes de l'enfant Jésus sur des tiges de jérose, ce qui lui donne l'étrange propriété dont elle jouit aujourd'hui encore. Les jeunes femmes qui vont devenir mères pour la première fois font placer près de leur lit, une tige de jérose dans un vase d'eau.

Elles croient que leurs souffrances ne dureront pas plus que l'épanouissement de la plante et qu'elles seront terminées quand il sera complet.

Jonc fleuri — Vous m'attirez

C'est le nom vulgaire du butome en ombelle. Cette jolie plante élève, au-dessus des marais et sur les bords des ruisseaux, sa belle tête chargée de fleurs roses ou purpurines qui attirent autant le regard que la main.

7

Jonc des champs — Docilité, Souplesse

Par leur flexibilité, les joncs se prêtent admirablement à
la fabrication des paniers, des nattes, des corbeilles ; les van-
niers en font grand usage et les jardiniers en ont toujours
une provision pour fixer aux tuteurs les jeunes plants que
le vent pourrait briser ou coucher.

Jonquille — Désir

Cette plante qui croît dans les prés humides du midi de la
France, doit son nom qui signifie *petit jonc* à la ténuité de
ses feuilles. Ses fleurs jaunes exhalent un parfum suave qui
porte à la rêverie. C'est une espèce du genre narcisse.

> Me serai-je trompé ? Non ; la jonquille encor
> Offre à mon œil ravi la pâleur de son or.
> Je te salue, ô fleur si chère à ma maîtresse !
> Toi qui remplis ses sens d'une amoureuse ivresse ;
> Ah ! ne t'afflige pas de tes faibles couleurs :
> Le choix de ma Myrthé te fait reine des fleurs.
>
> ROUCHER.

Joubarbe des toits — Je me contente de peu

C'est sur les toits de chaume que l'on rencontre le plus
souvent la joubarbe. Elle vit de l'eau du ciel, de la poussière
envoyée par les vents et prospère là où toute autre plante
pourrait à peine germer. Sa tige s'élève au milieu de la ro-
sette élégante de ses feuilles et porte dix ou quinze fleurs
purpurines. On l'emploie pour réduire les verrues et les cors
aux pieds.

Julienne — Je vous attends

On rencontre cette plante sur toute la surface du globe ;
dans les pays chauds elle recherche la fraîcheur des monta-
gnes. Le nom générique de *julienne* (hesperis) qui signifie
fleur du soir, fait allusion à son odeur qui devient plus
pénétrante après le coucher du soleil.

Julienne blanche .... Ne nous séparons pas.
—   blanche et violette... Je vais vous quitter.
—   double .... Bonheur de vous revoir.
—   simple............... On vous trompe.
—   rouge et lilas......... Goût des voyages.
—   de Mahon........... Je vous vois avec plaisir.
—   jaune.............. Amusez-vous.

Jujubier — Votre présence adoucit mes peines

Le jujubier se trouve à l'état sauvage en Égypte et en Barbarie. Ses fleurs sont petites, d'un blanc verdâtre et peu joliés, mais son fruit est d'une belle couleur rouge ; c'est à lui que le jujubier doit toute son importance par les vertus pectorales qu'il renferme ; dans les maladies de poitrine la jujube adoucit les souffrances des malades.

Jusquiame — Répulsion

Le nom botanique de cette plante vénéneuse est tiré du grec et signifie *fève de pourceau.* Les anciens se servaient de la graine de jusquiame pour empoisonner les sangliers qui dévastaient leurs champs. Ses fleurs, d'un jaune pâle, veinées de pourpre vineux, sont disposées en épis et tournées d'un seul côté. Ses feuilles sont d'un vert triste et pâle, et toute la plante exhale une odeur vireuse et désagréable. De plus, elle aime à croître dans les immondices ou les lieux déserts.

Tout dans la jusquiame inspire la répulsion.

Kalmie — Piége à craindre ou Prenez garde

Cet arbrisseau croît naturellement dans les bois humides et ombragés de l'Amérique septentrionale. Introduit en France vers 1750, il s'est parfaitement acclimaté, même en pleine terre. Ses fleurs sont d'un rose vif ou d'un blanc rosé ; elles renferment un puissant narcotique qui devient un poison violent pour les quadrupèdes. Le miel, retiré par les abeilles des fleurs du *kalmia à larges feuilles,* provoque le le délire, l'ivresse, les convulsions et quelquefois la mort.

Kerrie ou Kerria — Je résiste à tout

Cet arbrisseau, originaire du Japon, est plus connu so[us]
le nom de corchorus ; il sert à palissader les murailles qu[e]
couvre en tout temps de ses jolies fleurs jaunes d'or.

Il supporte le froid et la sécheresse aussi bien que la ch[a]
leur et l'humidité.

Ketmie ou Hibiscus — Ornement

Cet arbrisseau sert à parer nos jardins ; l'espèce appelé[e]
resplendissante est remarquable par l'éclat de ses larg[es]
fleurs rouges de la forme de celles de la mauve. Les insect[es]
sont très friands de la liqueur sucrée que distillent les nec
taires de ces plantes.

> L'abeille inconstante voltige
> De fleur en fleur, de tige en tige,
> Admirant partout la beauté ;
> Sans rien perdre, son aile effleure
> Le cytise penché qui pleure
> Et la fière ketmie au limbe velouté.

Kitaibèlie — Beauté qui s'ignore

Originaire de la Hongrie, la kitaibèlie cache ses grande[s]
fleurs blanches sous des feuilles ressemblant à celles de l[a]
vigne. Ces fleurs ont la forme et la largeur de celles du co
tonnier.

Laiche — Perfidie

LA laiche est pernicieuse par sa feuille coupante qui blesse les bestiaux, elle se trouve dans les marécages. Les tourbières sont quelquefois recouvertes à leurs abords par la *laiche en gazon*. Malheur alors à l'imprudent voyageur qui croit continuer son chemin sur la prairie verdoyante, il s'enfonce et disparaît enseveli sous les herbes flottantes.

Laitue — Refroidissement

Le suc que l'on retire de la tige de cette plante potagère est employée en médecine pour calmer les sens. Avant que la laitue soit parvenue à sa maturité on la mange en salade.

Lauréole ou Daphné, Bois gentil — Coquetterie, Désir de plaire

Au milieu des neiges fleurit un charmant arbrisseau couvert de fleurs rouges qui embaument l'air. On dirait une coquette qui se hâte de se parer de sa robe de printemps afin d'éclipser toutes ses rivales.

De même aussi que la coquette est perfide, le *bois gentil* renferme dans son écorce un principe vésicant qui, comme

le *daphné garou*, son voisin, est d'un emploi excessivement
dangereux.

Laurier — Gloire

Originaire de l'Asie, cet arbuste est acclimaté dans le
midi de la France, où il fleurit et donne de petites fleurs jau-
nâtres. Son feuillage toujours vert l'avait fait adopter par les
Grecs et les Romains qui décernaient une couronne de feuilles
de laurier au général revenant vainqueur, au poète dont les
vers avaient le mieux célébré la gloire de la nation ou à la
vestale qui, par ses vertus, avaient su mériter l'estime de
tous.

> Aux plus savants auteurs comme aux plus grands guerriers
> Apollon ne promet qu'un nom et des lauriers.
>
> BOILEAU.

Apollon ayant poursuivi la nymphe Daphné, celle-ci im-
plora Minerve qui la changea en laurier. Apollon, pour
honorer la vertu de cette nymphe, voulut que cet arbre lui
fût consacré et depuis, il porta une couronne de feuilles
de laurier.

> Ce laurier, c'est Daphné, chère au dieu qui l'adore,
> Sous l'écorce vivante, elle palpite encore,
> Ses bras tendus encore agitent ses rameaux.
>
> PARSEVAL-GRANDMAISON.

Laurier amandier — Perfidie

Sa feuille possède un goût d'amande qui est fort agréable,
mais elle renferme un poison actif, l'acide cyanhydrique.

Laurier blanc. . . . . Candeur
Laurier cerise. . . . . Orgueil

Laurier rose — Douceur, Beauté

Cette espèce demande beaucoup de soins; il faut la garder
en serre chaude afin qu'elle donne de jolies fleurs doubles
rouges ou blanches.

Le soldat d'Ismaël, assis sur ces décombres,
Insulte aux grandes ombres
Des enfants d'Hercule en courroux.
N'entends-je pas gémir sous ces portiques sombres?
Mânes des trois cents, est-ce vous?...
Eurotas! Eurotas! Que font ces lauriers roses
Sur ton rivage en deuil, par la mort habité?
Est-ce pour faire outrage à ta captivité
Que ces nobles fleurs sont écloses?

CASIMIR DELAVIGNE.

Lavande — Vertu

Cette plante aromatique répand une agréable odeur dans les appartements et elle combat avec avantage les miasmes pestilentiels. L'huile d'aspic, si employée pour une foule d'usages, n'est autre que l'huile essentielle de *lavande spic*, altération du mot *lavande à épi*.

Lianes — Nœuds indissolubles

On donne le nom de *lianes* à une foule de plantes grimpantes, volubiles ou sarmenteuses, qui servent à faire des liens d'une solidité remarquable. Il en existe depuis la grosseur du corps d'un homme jusqu'à la ténuité d'un fil à coudre. Les unes ressemblent à des racines de chiendent, les autres au contraire sont couvertes de feuilles et des fleurs les plus belles. — On s'en sert pour attacher les bouquets.

Lierre — Amitié éternelle

Cette plante affectionne les ruines, les vieux murs, elle aime aussi à s'attacher aux arbres et, fidèle à l'amitié qu'elle leur a vouée, elle bravera avec eux les tempêtes et les frimas. Si son ami succombe elle l'entourera de ses feuilles, et tâchera de le préserver d'une destruction complète ; c'est ainsi qu'une fidèle amitié est préférable à tout autre sentiment.

O toi, douce amitié, viens, reçois mon hommage;
Tu m'as fait dans tes bras goûter de vrais plaisirs ;
Ce dieu tendre et cruel qui m'attend au passage
Ne fait naître que des soupirs.

Lilas — Première émotion d'amour

C'est au premier printemps que le lilas épanouit ses belles grappes embaumées et signale ainsi le retour du moment où la nature, un instant endormie, va renaître plus belle et plus riche; c'est alors aussi que le cœur s'éveille, que des sensations nouvelles l'agitent et qu'il sent un plus grand besoin d'aimer.

Il y a quelques années encore, on voyait à Romainville et aux Prés-Saint-Gervais des bois de lilas, délices des habitants de Paris : aller cueillir du lilas était une fête pour tous ceux aux cœurs desquels battait encore la jeunesse.

Un de nos poètes voulut voir ces agapes du printemps; il revint si heureux, si doucement impressionné qu'il écrivit ces vers :

> Tu me reverras dans tes bras
> Quand la parque aura trouvé l'heure.
> De coudriers et de lilas
> Prends soin d'embellir ma demeure.
> Je veux, dans un pareil bosquet,
> Plaire encore à jeune fillette,
> Tantôt cueilli comme bouquet,
> Tantôt croqué comme noisette.

Lilas rosé. . . . . Vanité.

Lilas blanc — Jeunesse

Il passe et se flétrit aussi vite que notre jeunesse; comme elle, le vent des années l'emporte et le souvenir seul nous fait rêver.

> Et moi, j'ai rafraîchi les pieds de la Madone
> De lilas blancs si chers, à mon destin rêveur ;
> Et la Vierge sait bien pour qui je les lui donne,
> Elle entend la pensée au fond de notre cœur.

Mme DESBORDES-VALMORE.

Lin — Je sens vos bienfaits

Qui pourrait deviner en regardant cette petite plante modeste les nombreuses qualités qu'elle possède? La culture du se perd dans la nuit des temps ; les Égyptiens n'en tiraient qu'un faible parti ; mais chez les Grecs et les Romains le tissage du lin avait atteint un très-haut degré de perfection. Le chanvre leur étant inconnu, les voiles de leurs navires ainsi que leurs cordages étaient faits avec le lin. C'est encore au lin que nous devons cette graine si précieuse qui adoucit tant de maux. Avec ses fibres on fabrique les belles dentelles qui nous parent et des toiles d'une finesse extraordinaire. Sa fleur, d'un charmant bleu, fait rêver aux doux yeux d'un jeune enfant ; et chacun doit dire en la voyant :

> Je t'aime, petite fleur
> Si gentille et si modeste ;
> Ta tête d'un bleu céleste
> Représente la candeur.
> J'aime ta tige élancée,
> Ta robe d'un vert si beau,
> O ma belle délaissée
> Douce fille du hameau !

GOZOLA.

Lis — Majesté, Souveraineté, Pureté

> Noble fils du Soleil, le lis majestueux,
> Vers l'astre paternel, dont il brave les feux,
> Elève avec orgueil sa tête souveraine ;
> Il est le roi des fleurs dont la rose est la reine.

BOISJOLIN.

> C'est alors qu'on chérit un vallon solitaire
> Emaillé par des fleurs, asile du mystère ;
> Où le superbe lis, d'un luxe si décent
> Voit son autel champêtre environné d'encens,
> Et croit trop honorer la tendre violette
> Du regard protecteur qu'à ses pieds il lui jette.

SAINT-LAMBERT.

Les Grecs prétendaient que le lis ne pouvait avoir qu'une origine divine et le supposaient né du lait de Junon.

Liseron — Humilité

Plante fort jolie qui rampe presque toujours ; sa tige étant trop faible pour la soutenir, elle emprunte son appui à la terre.

Aimez le liseron, cette fleur qui s'attache
Au gazon de la tombe, à l'agreste rocher,
Triste et modeste fleur qui dans l'ombre se cache
Et frissonne au toucher !

MURGER.

Lotus — Beauté toujours nouvelle

Le lotus est une espèce de nénuphar qui croît en abondance dans les étangs d'Égypte, ou dans les plaines inondées par le Nil. Avant de se déployer, cette plante pousse plusieurs tiges chargées de feuilles repliées en cornet ; quelque temps après, elle se couronne d'une belle fleur blanche qui, pendant la nuit, se plonge dans l'eau, pour en sortir peu à peu au retour du soleil.

Ainsi brille, à travers la vague transparente,
Cette fleur, dont le Nil voit les boutons éclos
Tristes, durant la nuit, se plonger dans les flots,
Et frémissant de joie au retour de l'aurore,
Du fleuve par degrés sortir plus frais encore.

ROUCHER.

Lunaire ou Monnaie du pape — Je vous attendrai ce soir

C'est une plante assez grande aux fleurs violettes à peu près semblables à celles de la giroflée quarantaine simple. A cette fleur succède une gousse, plate, circulaire, de la largeur d'un fond de soucoupe, formée de deux pellicules blanches, argentées et transparentes, qui la font ressembler à un pain à chanter ou à l'image de la lune.

Lupin varié — Vous rendez le calme à mon âme

Ces fleurs varient beaucoup quant aux nuances : on en voit de blanches, de blanches teintées de violet, de jaunes et de bigarrées. Les Corses et les Piémontais font macérer les graines du lupin et les emploient comme aliment ; les bestiaux aiment beaucoup les lupins. On dit que cette nourriture calme autant les hommes que les animaux et que ce résultat est dû à sa vertu émolliente.

Lychnide-Coquelourde — Sans prétention

La coquelourde vient sans soins dans les champs qu'elle décore de ses belles fleurs pourpres. On la connaît sous les noms de lychnide fleur de Jupiter, lychnide rose du ciel ou grosse nielle. Avant son épanouissement ses fleurs sont gracieusement penchées sur leur tige.

Lychnide compagnon — Je ne puis vous quitter

Ainsi nommée parce que les panicules de la lychnide sont toujours unis deux ensemble.

Lychnide dioïque — Ivrognerie

La fleur répand une odeur de vin aigri.

Lycopode. — Flamme ardente

C'est une espèce de mousse originaire des Tropiques, cependant nous en possédons plusieurs espèces en Europe. On emploie la poussière jaune ou pollen que renferment ses capsules pour figurer des éclairs sur nos théâtres et pour la confection des feux d'artifices; elle brûle avec un vif éclat.

Voici des vers qui ont été composés sur la douleur d'une jeune veuve :

> J'offre, suivant l'antique usage,
> La *jonquille* à tous nos maris*;
> Le *lis* à fille jeune et sage,
> L'*immortelle* à nos beaux esprits,
> Le *bluet* à la tendre enfance,
> Aux petits-maîtres le *muguet*,
> Le méchant n'aura dans la France
> Que le *souci* pour son bouquet;
> Le *bouton d'or* à la finance
> A nos romanciers des *pavots*,
> La *tubéreuse* à l'innocence
> Et *les lauriers* à nos héros,
> A la veuve d'une journée
> Je présente le noir *cyprès*;
> Mais j'offre, à celle d'une année,
> *Lycopode* dans ses bouquets.

* Allusion à la couleur jaune et non à la fleur.

Mancenillier — Fausseté, Tromperie

Celui qui, pour la première fois, voit un mancenillier couvert de ses fruits, s'imagine rencontrer un pommier d'une espèce nouvelle. La mancenille, en effet, a la forme et la couleur d'une petite pomme jaune luisant teinté de rouge, son odeur est même parfumée.

Et cependant c'est un poison terrible, comme le sont aussi toutes les parties du mancenillier qui renferme un suc blanc et visqueux, dont le seul contact fait lever des pustules sur la peau. Heureusement que cet arbre trompeur ne peut vivre que près des rives de l'Océan, et c'est précisément en buvant de l'eau de mer et en s'y plongeant, que le malheureux qui a goûté le poison peut échapper à la mort.

Mandragore — Délire, Fureur

Jamais plante n'a donné lieu à des fables plus absurdes. De ce que sa racine est bifurquée et ressemble grossièrement au corps d'un homme, on lui attribuait des vertus merveilleuses; elle poussait des cris épouvantables, disait-on, au moment où on l'arrachait de terre. Elle a longtemps servi de base à la fabrication des philtres amoureux et à mille autres pratiques ridicules en usage chez les soi-disant sorciers. Ce qu'il y a de certain, c'est que la mandragore est au plus haut point vénéneuse et que, prise à l'intérieur, elle cause un délire furieux et la mort. — Son nom veut dire « *qui endort* ».

Marguerite (Grande) — Oracle

Du milieu des prairies s'élève la blanche marguerite que nous aimons à consulter. C'est avec anxiété que l'on arrache chaque pétale, et c'est le cœur gros ou plein de joie que l'on s'envole au vent le dernier qui dit : « pas du tout ou passionnément. »

> Souvent la pastourelle
> Loin de son jeune amant
> Se dit : M'est-il fidèle ?
> Tremblante, elle te cueille ;
> Sous son doigt incertain
> L'oracle qui s'effeuille
> Révèle son destin.

Marguerite blanche simple — Préférence

Lorsque Marguerite de France, fille du roi François Ier, alla rejoindre en Savoie le prince Emmanuel-Philibert qu'elle avait épousé, on lui offrit une corbeille uniquement remplie de marguerites blanches simples, avec ces vers qui faisaient allusion à son nom.

> Toutes les fleurs ont leur mérite,
> Mais quand mille fleurs à la fois
> Se présenteraient à mon choix,
> Je choisirais la *marguerite*.

Marguerite blanche double — Je partage vos sentiments

Au moyen âge, quand une noble dame permettait à un chevalier de faire graver une marguerite sur ses armes, elle avouait ainsi qu'elle lui rendait amour pour amour.

Marguerite (Petite) ou Pâquerette — Innocence

En courant sur les gazons, les petits enfants aiment à se faire des bouquets avec cette fleur et, comme eux,

> Des mains de la nature
> Echappée au hasard

> Tu fleuris sans culture
> Et tu brilles sans art.
> Telle qu'une bergère
> Oubliant ses appas,
> Sans apprêt tu sais plaire
> Et ne t'en doutes pas.

Marguerite (Reine) — Splendeur

Cette espèce offre une grande variété de couleur.

> Loin des prés solitaires
> Étalant ses attraits,
> Reine de nos parterres,
> Va briguer des succès !

CONSTANT DUBOS.

Marjolaine — Toujours heureux

On croit en Orient que l'odeur balsamique de cette fleur préserve de toutes les maladies ; la superstition dit encore que la personne qui porte toujours sur elle une branche de marjolaine, n'éprouvera jamais aucun malheur.

Dans l'*Énéide*, lorsque Vénus, voulant embraser le cœur de Didon pour Énée, substitue l'Amour au jeune Ascagne, « elle verse un doux sommeil dans les membres de l'enfant « (Ascagne), puis l'emporte sur son sein et le dépose en-« dormi dans les bosquets d'Idalie, où la tendre marjolaine « l'enveloppe de son ombre et de son parfum. »

La marjolaine est une espèce d'origan ; ses fleurs sont disposées sur quatre rangs.

Marronnier d'Inde— Luxe, Richesse

Cet arbre originaire de l'Asie mineure fut apporté en France en 1615. A cette époque il fut regardé comme un arbre purement de luxe; depuis on a reconnu que l'écorce du marronnier était fébrifuge et qu'elle peut servir à teindre en jaune. De son fruit on fait aussi une farine qui s'emploie en parfumerie en guise de pâte d'amandes. — Les chevaux en sont aussi très-friands. On s'en sert en Orient pour leur donner de la vigueur, de là le nom d'*hippocastanum* que porte cet arbre, et qui signifie châtaigne de cheval.

Mauve — Douceur

Les anciens avaient pris la mauve comme symbole de la
douceur et de la facilité de caractère. Pythagore disait
« Semez la mauve, mais n'en mangez pas; » c'est-à-dire
soyez doux, bon et facile pour les autres mais non pas pour
vous. Ils plantaient aussi la mauve à côté de l'asphodèle sur
les tombeaux de leurs amis, croyant ainsi rendre le calme
à leurs maux. « Je me nourris de mauve et d'asphodèle, »
dit une ombre apparaissant aux regards de celui qui l'avait
évoquée.

Mélèze — Audace

Cet arbre s'élève jusqu'à cent pieds et passe pour être le
géant des arbres de l'Europe. Son bois rougeâtre, quoique
léger, est plus dur que celui du sapin; on l'emploie pour les
charpentes, les constructions navales et dans la tonnellerie.
C'est lui qui a fourni, dit-on, les premiers pilotis pour la
fondation de Venise. Son écorce astringente est bonne pour
le tannage des cuirs, et il en suinte une résine liquide connue
sous le nom de térébenthine de Venise, qui est très-estimée.

Mélianthe — Repos

Quand les abeilles sont fatiguées d'une longue course, elles
aiment à se reposer sur les belles fleurs blanc rosé de la mé-
lianthe dont le nom signifie fleur d'abeille.

Mélisse — Plaisanterie, Gaieté

On prétend que l'infusion de cette plante porte à la joie,
en calmant les nerfs. Les abeilles sont très-friandes de cette
petite fleur; quand on veut faire émigrer un essaim, il faut
avoir soin d'entourer la nouvelle ruche de plusieurs pieds de
cette plante. — Son nom signifie abeille.

> Hâtez-vous, accourez vers ces enfants du ciel,
> O vous qui prétendez au trésor de leur miel,
> Galatée, Amarylle, Eriscane, Iphilisse.
> Dans les flancs d'un panier parfumé de mélisse,
> Agitez le rameau qu'ils tiennent embrassé;
> Que cet essaim conquis, aux bords des eaux placé,

De nouveaux citoyens peuple votre héritage.
Déjà la colonie au dehors se partage;
Sans cesse elle voltige, ardente à dépouiller
Les lieux qu'Opis et Flore ont pris soin d'émailler.

ROUCHER.

Menthe poivrée — Chaleur de sentiment

Herbe vivace de la famille des labiées, aux petites fleurs blanchâtres ou rougeâtres, fortement aromatiques; elle s'emploie comme stomachique. L'huile essentielle qu'on en extrait sert à faire les pastilles de menthe. — Elle doit son nom à Menthos, fille du Cocyte, qui fut changée en cette plante.

Mercuriale — Assoupissement, Léthargie

Les mercuriales, dont les fleurs herbacées sont insignifiantes et qui croissent dans tous les lieux cultivés, sont dangereuses dans leur emploi. Cette plante est dédiée à Mercure qui, dit-on, en fit le premier essai sur Argus qu'il endormit au moyen d'un breuvage composé avec la mercuriale.

Mignardise — Enfantillage, Grâces enfantines

Ce joli œillet semble être par sa petitesse la miniature de l'enfance.

Millefeuilles ou Herbe de Saint-Joseph ou au Charpentier — Soulagement

Cette herbe, ainsi nommée à cause du nombre infini des découpures de sa feuille, a pris le surnom d'herbe de Saint-Joseph en souvenir de la légende suivante :

Ce saint, comme on sait, exerçait l'état de charpentier; un jour qu'il travaillait devant sa porte, il se blessa grièvement avec un de ses outils, et le sang s'échappa abondamment. Le petit Jésus, tout jeune encore, jouait avec les copeaux que le rabot faisait jaillir; son cœur d'enfant s'émut de la souffrance de son père, comme plus tard son cœur d'homme devait pleurer sur les maux de l'humanité et chercher à les soulager. Il courut, cueillit une plante que le vent avait apportée et que la pluie avait fait croître dans les pierres du chemin; puis il revint, en appliqua les feuilles sur la blessure de Joseph et la plaie se cicatrisa.

Le nom botanique de cette plante est achillée-millefeuille
elle est dédiée à Achille parce c'est lui qui le premier l'em
ploya pour la cicatrisation des blessures.

Miroir de Vénus (Campanule) — Attraits, Grâces, Charme Beauté

Cette jolie petite fleur, cultivée pour bordures, croît abon
damment dans les moissons, où elle épanouit son élégan
corolle bleue ou violette. Au centre se trouve un disqu
jaune brillant que l'on a comparé à un miroir.

Lorsque Vénus allait retrouver Adonis, elle cueillait un
de ces fraîches campanules et s'y mirait pour s'assurer qu'ell
était toujours belle.

Monarde — Je brûle

Sa fleur est d'un rouge de feu ; on se sert de sa feuille e
guise de thé.

Morelle, Douce-Amère — Vérité

Les feuilles de la morelle sont douces et amères en mêm
temps ; il en est ainsi de la vérité qui est pénible à entendre
mais qui nous rend meilleurs.

Morgeline ou Mouron des oiseaux — Rendez-vous

Cette petite plante, nommée aussi *alsine*, ne doit pas être
confondue avec le mouron qui est une plante vénéneuse. Là
où croît la morgeline, on voit accourir des nuées d'oiseaux
attirés par le goût de ses feuilles et de ses graines.

Mouron rouge — Je vous écoute

Le nom de mouron veut dire en grec *oreille de rat*, parce
que les feuilles de cette plante ont cette ressemblance. Elle
est amère et vénéneuse de même que le mouron bleu ; leur
extrait [tue les chiens et tuerait de même les oiseaux s'ils
mangeaient la feuille ou la fleur du mouron.

La plante dite mouron des oiseaux est la morgeline.

Mousse — Amour maternel

Beaucoup d'oiseaux emploient la mousse pour contruire
leur nid. Quand les fleurs se flétrissent et que les feuilles se

ment, la mousse reste encore verdoyante et, comme l'amour maternel, ne meurt jamais.

> Heureuse mère ! quelle ivresse
> Charmera vos derniers instants.
> Que de baisers, que de tendresse
> Vous prodigueront vos enfants.
>
> DEMOUSTIER.

Moutarde — Vous êtes cause de mes larmes

Cette plante, dont toutes les espèces croissent dans les champs, est trop connue pour être décrite. On connaît l'action de la farine tirée de ses graines, soit comme condiment dans la cuisine, soit comme sinapisme dans la médecine.

Muflier — Je me moque, Je m'en ris

Ces belles fleurs cultivées dans tous les jardins, portent le nom vulgaire de *gueules de loup, mufles de veau*, etc. Leurs graines sont renfermées dans des capsules qui, au moment de la maturité, se percent de trous qui figurent deux yeux et une bouche, et leur donnent l'apparence d'un museau de singe ou d'un masque grimaçant et moqueur.

Muguet blanc ou de mai — Retour du bonheur

Avec les premières brises du printemps, au moment où les oiseaux reprennent leurs chants joyeux, quand les bourgeons gonflent leurs écailles et vont s'épanouir, le muguet sort de terre et montre ses élégantes clochettes renversées à l'odeur suave. — Les fleurs desséchées et pulvérisées sont un puissant sternutatoire.

Mûrier blanc — Sagesse

Aujourd'hui naturalisé dans l'Europe méridionale, ainsi qu'en Orient, il fut introduit de ce pays en Grèce et dans l'Asie mineure, sous le règne de Justinien ; en 1230 il passa en Sicile, d'où il ne fut transporté en Provence qu'en 1494. Les fleurs sont d'un jaune verdâtre, et c'est avec ses feuilles que l'on nourrit les vers à soie. Le mûrier blanc attend sagement que les dernières gelées soient passées pour donner naissance à ses bourgeons.

Mûrier noir — Je ne vous survivrai pas

Jadis à Babylone vivaient deux jeunes gens, Pyrame et Thisbé, qui s'aimaient en dépit de leurs parents divisés par une haine de famille.

Décidés à s'unir, ils se donnèrent rendez-vous sous un mûrier à fruits blancs, à quelque distance de la ville. Thisbé arrivée la première, vit une lionne qui s'approchait; elle s'enfuit et laissa tomber son voile que la bête féroce saisit et déchira de sa gueule ensanglantée. Pyrame survint bientôt, il vit le voile, et, ne doutant pas que celle qu'il aimait n'eût été dévorée, il se perça de son épée. Thisbé revint peu après et trouvant son amant expirant, elle ne voulut pas lui survivre, elle se tua près de lui avec la même épée.

> Elle tombe, et tombant range ses vêtements
> Dernier trait de pudeur, même aux derniers moments.
> Les nymphes d'alentour lui donnèrent des larmes,
> Et du sang des amants, teignirent par des charmes
> Le fruit d'un murier proche, et blanc jusqu'à ce jour :
> Eternel monument d'un si parfait amour.

LA FONTAINE.

Le mûrier sous lequel eut lieu cette scène sanglante, ne porta plus dès lors que des fruits d'un noir foncé rougeâtre.

Myosotis — Ne m'oubliez pas

Au bord d'un fleuve bordé de petites fleurs bleues, deux jeunes amants se promenaient en devisant tendrement. L'attention de la jeune fille fut distraite par une branche de ces jolies fleurs, qui était entraînée par le courant. Son amant veut la saisir au passage et la lui offrir; mais le pied lui manque et il tombe dans le fleuve. Avant de disparaître pour jamais aux yeux de la jeune fille, il lui montre la fleur qu'il avait pu saisir en lui disant : *Ne m'oubliez pas*.

> Fleur naine et bleue, et triste, où se cache un emblème,
> Où l'absence a souvent retrouvé le mot j'aime,
> Où l'aile d'un phalène a déteint ses couleurs,
> Toi qu'on devrait nommer le colibri des fleurs,

Traduis-moi ! porte au loin ce que je n'ose écrire,
Console un malheureux, comme eût fait un sourire,
Enlevée au ruisseau qui délasse mes pas,
Dis à mon cher absent qu'on ne l'oubliera pas.

Myrte — Amour

De tout temps le myrte est entré dans la catégorie des arbres poétiques. En effet, sa verdure perpétuelle et les parfums qui en émanent le rendent digne de cette préférence. Chez les Grecs cette plante fut consacrée à la déesse de l'amour et de la beauté ; Minerve, toute sage qu'elle était, ne la dédaigna pas ; une des Grâces en portait un bouquet. Aux funérailles des grands hommes, on ornait leur statue de branches de myrte. Mais on employait surtout le myrte pour orner la lyre du troubadour qui chantait l'amour.

Son immortelle verdure,
Embellit tout l'univers
Et lui prête une parure
Que respectent les hivers.

Myrtille ou Airelle — Vous recherchez la solitude

Cette plante doit son nom à son port et à son feuillage qui la fait ressembler à un petit myrte. Ses baies bleuâtres sont astringentes et servent à faire un vin assez agréable et une eau-de-vie excellente quand elle est très-vieille.

Le myrtille se plaît à l'abri des grands bois ombragés.

Narcisse — Amour de soi, Vanité, Égoïsme

Le jeune Narcisse était né à Thespies, en Béotie, du fleuve Céphise et de la nymphe Liriope. Fier de sa remarquable beauté, il ne voulait pas connaître le joug de l'amour, et c'est en vain que la nymphe Écho le recherchait partout.

Les dieux, pour le punir, le rendirent épris de sa propre image qu'il avait vue dans un ruisseau : il passait toutes les heures à s'admirer et mourut de langueur.

Il fut changé en une fleur qui porte son nom et qui étale son disque d'or et ses pétales blancs au-dessus des ruisseaux.

> Le narcisse, penché sur l'onde transparente,
> Epris d'un fol amour, y cherche encore ses traits.

BAOUR-LORMIAN.

Némophile — Pourquoi vous cachez-vous ?

C'est dans les solitudes ombragées des forêts de l'Amérique tempérée que croissent ces jolies fleurs aujourd'hui l'un des ornements de nos jardins. Leur nom signifie *ami des forêts*.

Nénuphar — Froideur

Cette plante aquatique passe pour calmer les ardeurs du sang. Elle fait l'ornement des étangs par la beauté de ses fleurs blanches ou jaunes et le gracieux effet de ses grandes feuilles flottantes.

Ce nom lui fut donné d'une nymphe qu'un amour passionné pour Hercule conduisit au tombeau. Le héros qui l'avait repoussé et qui était resté insensible à ses charmes, voulut néanmoins éterniser sa mémoire, et la changea en nymphœa ou nénuphar.

Népenthès — J'oublie mes peines.

Cette plante porte des feuilles creusées en forme de vase à l'orifice duquel se trouve une sorte de couvercle, attaché par une charnière, et s'abaissant ou se levant. Ce vase est fermé la nuit ; il s'ouvre le matin et alors il est plein d'une eau limpide et sucrée.

On rapporte qu'Hélène donnant l'hospitalité à Télémaque plongé dans la douleur, composa un philtre avec le népenthès et qu'aussitôt le fils d'Ulysse oublia ses chagrins.

Nerprun –- La mort est dans mon sein

Cet arbrisseau, très-commun dans nos bois, donne de petites baies noires purgatives et desquelles on extrait la couleur verte appelée *vert de vessie*. Son bois brûlé fournit un charbon excessivement léger et que l'on emploie de préférence à tous les autres pour la fabrication de la poudre à canon.

Nivéole du printemps — Consolation

Son nom veut dire *neige*.

Lorsque la nature est presque morte, une tout petite fleur apparaît comme un heureux présage des beaux jours à venir.

> Sous un voile d'argent la terre ensevelie
> Me produit ; malgré sa fraîcheur,
> La neige conserve ma vie,
> Et me donnant son nom, me donne sa blancheur.

COMTESSE DE BRADI.

Noisetier — Promenade sentimentale

C'est en automne, alors que la nature va bientôt se dépouiller de ses ornements, que le noisetier livre ses fruits
mûrs. C'est alors que l'on aime se promener à deux sous ce
vert feuillage, à se rappeler les souvenirs du passé et à échfauder les projets d'un avenir de bonheur et de calme.

Nopal ou Cactus raquette — Défense, Sécurité

Ce cactus est entièrement couvert d'épines longues, acérées
et très-dures, qui causent de fortes blessures. Il se ramifie
nombreuses branches, s'élève jusqu'à 5 mètres de hauteur,
forme des haies impénétrables aux hommes et aux animaux,
aussi en entoure-t-on les plantations et les habitations dans
les pays où l'on a tout à craindre des uns et des autres.

C'est sur ce cactus que vit la cochenille, petit insecte qui
donne une si belle couleur rouge connue de tout le monde.

Noyer — Mauvais voisinage

Ce bel arbre est originaire d'Asie. L'odeur pénétrante qui
s'exhale de ses feuilles est malsaine si on la respire longtemps
et nuisible aux végétaux qui peuvent croître dans son voisinage ou sous son ombrage. Aussi le plante-t-on sur les
grandes routes, en avenue, près des clôtures.

Noyer avec des noix (Branches de) — Je serai sérieux

On sait que les noix servaient autrefois aux jeux des enfants, comme chez nous les noyaux d'abricots.

Aussi, à Rome, les jeunes époux, le jour de leur mariage
jetaient des noix au peuple pour annoncer que dès ce jour
ils devenaient sérieux et renonçaient aux jeux de l'enfance.
Cette coutume existe encore dans plusieurs contrées du Midi
où l'épousée jette aux spectateurs des noix et des amandes.

Nyctanthe — Rêverie mélancolique

Cet arbrisseau, originaire de l'Inde, est une espèce de jasmin dont les fleurs s'ouvrent le soir et répandent un parfum élicieux. Aux premiers rayons du soleil elles tombent et les jeunes filles du pays les ramassent pour s'en faire des colliers et des couronnes.

On prétend que ces fleurs inspirent la rêverie et font apparaître les images de la réalité ; aussi la plante qui les produit porte-t-elle le nom populaire de *somnambule*.

Œillet — Caprice

PLANTE vivace, toujours verte ; fleurs variées, simples ou doubles. Ovide, dans ses *Métamorphoses*, raconte ainsi l'origine de l'œillet :

Diane, dans un de ses accès de mauvaise humeur, rencontra un jeune berger dans la campagne et lui arracha les yeux. Un instant après, bien qu'elle les trouvât fort jolis, elle ne sut qu'en faire et les jeta sur son chemin. Ces yeux germèrent et donnèrent naissance aux œillets.

Œillet simple — Amour vif

Le grand Condé, prisonnier au château de Vincennes, avait sous ses fenêtres un petit parterre, et cultivait des œil-

s, dont il était aussi fier que de ses victoires. Mlle de Scu-
ri, ayant été admise auprès de lui, le trouva occupé à ses
vaux de jardinage. La résignation du prince de Condé la
sit d'admiration et lui inspira les vers suivants :

> En voyant ces œillets qu'un illustre guerrier
> Arrose d'une main qui gagna des batailles,
> Souviens-toi qu'Apollon bâtissait des murailles,
> Et ne t'étonne pas que Mars soit jardinier.

Œillet blanc — Amour fidèle.

Cette variété ne s'altère jamais et conserve toujours sa
pureté.

Œillet ponceau — Horreur

On dit que pendant la révolution de 93, plusieurs condam-
nés à mort avaient un œillet ponceau en marchant à la guil-
lotine.

Œillet jaune. . . . . Dédain.
— incarnat. . . . . Réciprocité.
— de poète. . . . . Finesse.

Œillet panaché — Refus d'aimer

Cette espèce, sans constance dans ses couleurs, représente
bien une personne dont le caractère incertain ne peut se
fixer.

Œillet mignonnette. . . . . Amour filial.

Œillet girofle — Amour pur

Cette variété exhale une délicieuse odeur de girofle.

> Quand je vois cette fleur brillante
> Qu'une main douce et bienveillante
> Protégea si longtemps,
> Je songe à la fille adorée,
> D'espoir, de bonheur enivrée,
> Que l'on marie à dix-sept ans.
> Comme la fleur elle n'a point d'égide ;
> Éclose au souffle de l'amour,
> En riant elle cherche un guide
> Pour son cœur aimant et candide
> Que la déception doit flétrir en un jour.

Œillet couleur de chair. — Sensation

Cette fleur attire les regards et fait éprouver une sensation de plaisir.

Œillet rouge — Énergie

Aimable œillet, c'est ton haleine
Qui charme et pénètre les sens !
C'est toi qui verses dans la plaine
Tes parfums doux et ravissants !
Les esprits embaumés qu'exhale
La rose fraîche et matinale,
Pour moi sont moins délicieux ;
Et ton odeur suave et pure
Est un encens que la nature,
Élève en tribut vers les cieux !

CONSTANT DUBOS.

Oignon — Larmes, Pleurs

Cette plante si connue appartient à la famille des lis ; sa fleur en forme de grosse ombelle ronde est fort belle, mais toutes ses parties exhalent une odeur pénétrante et piquante qui arrache les larmes des yeux.

Olivier — Paix, Concorde

Dès la plus haute antiquité, cet arbre a été connu, quoique la fable attribue à Minerve la naissance de l'olivier. Il y a lieu de croire que l'importation de ce précieux végétal en France est due à la colonie phocéenne qui fonda Marseille. Une branche d'olivier est regardée comme l'emblème de la paix, et ce fut cet arbre que Dieu choisit pour apprendre à Noé que son courroux était passé et qu'il pardonnait à ses enfants.

Onagre ou Œnothère odorant à grandes fleurs — Ma reconnaissance surpasse vos soins

L'Œnothère reste fermé pendant la chaleur du jour, il conserve tous ses parfums pour le soir, moment où celui qui le cultive se promène et vient respirer un air plus frais.

C'est alors qu'on voit le bouton gonflé outre mesure, rompre sa dernière attache, s'ouvrir brusquement et montrer aux regards ses quatre larges pétales jaune d'or à l'odeur suave. Les ânes sont très-friands de cette plante, d'où son nom d'onagre, herbe d'âne : On croyait aussi que son infusion pouvait apprivoiser les bêtes féroces, d'où son autre nom d'œnothère ou vin de bêtes fauves.

Ophrys araignée — Adresse, Patience

Cette fleur originale croît dans nos prés ; elle porte trois à cinq fleurs rougeâtres et isabelle brune, dont les longues divisions imitent parfaitement une araignée attendant patiemment sa proie.

Oranger — Générosité

Cet arbre est magnifique ; son feuillage est toujours vert, ses fleurs d'un blanc éclatant, et il est constamment chargé de feuilles, de fleurs et de fruits qu'il produit avec profusion.

> L'oranger, revêtu de brillantes couleurs,
> S'y couronne à la fois et de fruits et de fleurs.
>
> ROUCHER.

> Orangers, arbres que j'adore
> Que vos parfums me semblent doux !
> Est-il dans l'empire de Flore
> Rien d'agréable comme vous !
>
> LA FONTAINE.

Oreille d'ours — Séduction

Cette charmante fleur a souvent attiré le voyageur au sommet des Alpes ; l'espérance de la cueillir lui faisait surmonter tous les obstacles. En effet, elle a une grâce toute particulière quand elle livre au vent son panache de fleurs dorées qui sortent de la neige à demi fondue.

Origan ou Dictame de Crète — Guérison, Soulagement

L'origan croît sur le sommet des montagnes, ainsi que son nom « *Joie des montagnes* » l'indique. Chez les anciens

8.

et surtout dans l'île de Candie, cette plante était célèbre pour la guérison des blessures.

Dans l'Énéide « Vénus, affligée des souffrances, va cueillir « en Crète sur le sommet de l'Ida, le dictame dont la tige « aux feuilles velues se couronne d'une touffe de fleurs « purpurines, herbe bien connue de la chèvre sauvage, qui « court la brouter, lorsqu'une flèche rapide est venue se « fixer dans son flanc. »

L'origan était aussi consacré à Junon qui, sous le nom de Lucine, présidait à la naissance des enfants; les matrones en déposaient des couronnes aux pieds de sa statue. — L'origan commun se rencontre sur toutes les collines des environs de Paris.

Orme — Rendez-vous manqué, Promesse trompeuse

L'orme est un des plus beaux arbres de nos contrées. Il fournit un bois que l'industrie utilise sous toutes les formes; sa feuille est nourrissante, et peut servir de pâture aux bestiaux. Le proverbe rimé par Regnard :

> Attendez-moi sous l'orme
> Vous m'attendrez longtemps.

est trop connu pour avoir besoin d'explication.

Ornithogale, Épi de la Vierge — Pureté

Cette espèce est ainsi nommée à cause de ses fleurs étoilées, blanches comme du lait.

Orseille — Vous me faites rougir

Espèce de lichen qui croît sur les bords de la mer et qui fournit une belle couleur pourpre dont l'art du teinturier fait un fréquent usage.

Ortie — Cruauté, Douleur cuisante

Qui n'a pas éprouvé la désagréable sensation de la piqûre de l'ortie? L'œil est attiré par une campanule à la clochette bleue, par la blanche lychnide ; la main s'avance pour les cueillir et se retire bien vite, toute rougie par le contact des poils brûlants de l'ortie.

Osier — Franchise

L'osier est une espèce de saule dont les branches sont d'une extrême flexibilité. On les emploie à une foule d'usages et surtout à la fabrication des paniers, des corbeilles, etc.

Les anciens prêtaient au bois de l'osier une vertu que malheureusement il ne possède pas ; il suffisait, disaient-il, pour forcer un homme à ne pas déguiser sa pensée, que son interlocuteur fut porteur d'une branche d'osier.

Oxalide — Votre souvenir s'est effacé de mon cœur

C'est de cette plante dont le nom signifie acide que s'extrait le sel d'oseille qui sert à enlever les taches. Sa fleur de la forme de celle de la balsamine simple, est blanche ou jaune. Les capsules de l'une de ses espèces sont élastiques et projettent au loin les graines qu'elles renferment.

Oxyanthe — Coquetterie — Versatilité — Caprice

L'oxyanthe est un joli arbrisseau des Antilles, cultivé dans nos serres ; ses fleurs, longues de dix à quinze centimètres, possèdent une odeur suave ; elles naissent d'un blanc pur, deviennent rose tendre, puis rose foncé, ensuite rouge vif et se succèdent longtemps.

Œillet rouge-bis.
ARDEUR
Elle me consume.

Pavot — Langueur, Sommeil

CETTE plante, de la famille des papavéracées, est remarquable par la beauté de ses fleurs qui se balancent à l'extrémité de longs pédoncules. Le pavot somnifère croît spontanément en Orient et fournit l'opium. Les graines du pavot torréfiées et pétries avec du miel, étaient employées chez les Romains pour la confection de diverses friandises. Aujourd'hui, dans tout l'Orient, en Italie et dans le nord de l'Europe, on les fait entrer dans certains mets et on les recouvre de sucre pour confectionner de petites dragées. La tête ou fruit du pavot possède seule une vertu narcotique très-puissante.

> Le pavot embelli du plus vif incarnat
> De son calice au loin fait resplendir l'éclat

> Et sans crainte, élevé sur une tige altière,
> Domine en souverain la plaine hospitalière.
>
> COMHAIRE.

Le pavot était consacré à Morphée, dieu du sommeil, et à Cérès, parce que Jupiter, voulant lui faire oublier la douleur qu'elle éprouvait de la perte de sa fille Proserpine, lui fit boire une infusion de têtes de pavots.

> La nuit couvrait la terre et le dieu du repos
> Sur tout ce qui respire étendait ses pavots.
>
> DELILLE.

Pavot blanc. . . . . . . Sommeil du cœur.
  — noir. . . . . Léthargie.
  — panaché . . . . . Surprise.
  — rose. . . . . Vivacité.
  — rouge . . . . . . Orgueil.

Pavot simple — Étourderie, Indifférence

Il vient indifféremment dans les champs, que le terrain soit bon ou mauvais.

Paille brisée — Rupture

Autrefois les amoureux brisaient une paille pour montrer que tout était rompu entre eux.

Dans le *Dépit amoureux* de Molière, Gros-René dit à Marinette en lui présentant une paille :

> Pour couper tout chemin à nous rapatrier
> Il faut rompre la paille. Une paille rompue
> Rend entre gens d'honneur une affaire conclue.
> . . . .
> Romps, voilà le moyen de ne s'en plus dédire
> . . . . Rompons-nous
> Ou ne rompons-nous pas ? . . . .

Palmier — Lutte et victoire contre l'adversité

Les palmiers comptent de nombreuses espèces, toutes magnifiques et d'un port admirable. Les unes croissent au bord de la mer, les autres au milieu des déserts. Celles-ci dominent de leur cime l'océan de verdure des forêts vierges,

celles-là vivent isolées au milieu des escarpements les plus
arides des montagnes intertropicales. Battus par les ouragans,
pliant sous la violence des tempêtes, les palmiers robustes et
souples, plient, s'inclinent et se relèvent toujours plus forts
et plus altiers. — Chez presque tous les peuples, une palme
ou feuille de palmier a toujours été le signe de la victoire.

> C'est donc ici le camp de ma gloire nouvelle
> Je ne cueillis jamais une palme plus belle.
>
> DE BELLOT.

Pariétaire — Laissez-moi dans ma médiocrité, sinon prenez garde

La pariétaire est une petite plante à fleurs herbacées, qui
croît sur les murs, dans les lieux solitaires. Ses étamines
sont très-irritables ; si l'on effleure légèrement avec une ai-
guille les filets qui sont roulés en dedans, on les voit se
dérouler, se raidir subitement, et l'anthère se redresse du
fond de la fleur pour lancer un petit nuage de pollen. On
dirait un coup de pistolet en miniature.

Passe-Rose ou Rose trémière — Plaisir doux

Originaire de la Syrie, cette plante est un des jolis orne-
ments de nos jardins par la hauteur de sa tige, le nombre
de ses fleurs et la variété de ses couleurs.

Patience — Patience

La racine de cette plante est employée en médecine comme
dépuratif ; elle agit peu à peu sur le sang et pondère ses
éléments.

> On peut en ce jardin cueillir la patience,
> De la prendre en amour je n'ai pas la science.
>
> PASSERAT.

Pensée — Souvenir

Cette jolie fleur, dont les nombreuses variétés embellissent
nos parterres, a été créée, dit la mythologie, pour adoucir
les souffrances d'une charmante jeune fille, victime de la
jalousie d'une redoutable rivale.

Inachus, roi d'Argos, avait eu de sa femme Ismène, une fille nommée Io, qui fut consacrée au service de Junon, et devint grande prêtresse du temple de cette déesse.

La Renommée alla au loin proclamer la réputation de beauté d'Io, et de puissants princes traversèrent d'immenses étendues de pays pour apporter leur hommages à ses pieds ; mais celle-ci refusa toutes les offres qui lui furent faites, car personne n'avait su trouver le chemin de son cœur.

Malheureusement pour Io, le souverain maître de l'Olympe eut l'idée de prendre la forme d'un mortel et, quittant sa cour, il descendit sur la terre. L'attention de Jupiter fut attirée par une nombreuse affluence de peuple qui se précipitait vers le temple de Junon. Entraîné par la foule, il parvint jusqu'à l'autel, et il allait offrir un agneau blanc, quand son regard s'arrêta sur Io. Subjugué par la beauté de la grande prêtresse, Jupiter oublia son offrande et resta immobile. Io, malgré sa vertu, était femme, et elle fut heureuse de l'impression que sa vue causait au beau berger.

Cet instant décida de son sort, elle aima Jupiter.

Pendant quelque temps cet amour resta ignoré, mais une compagne d'Io la trahit, et Junon résolut de se venger. Jupiter, pour éviter le courroux de sa femme, changea Io en génisse.

Tristement couchée au milieu de l'herbe verte, la pauvre Io, la tête penchée et les yeux remplis de larmes, songeait à sa famille, quand soudain un tapis de fleurs nouvelles, répandant une suave odeur, vint apporter une consolation à l'infortunée.

C'était Cybèle, la déesse de la terre, qui envoyait à l'exilée la *pensée*.

> Pensée au souvenir d'amour,
> Où sont ces jours où tu disais : La vie,
> Sans toi n'est rien ! le bonheur, oh ! c'est toi,
> Toi, c'est le dieu dont mon âme est ravie
> Qui seul m'anime, en qui j'ai mis ma foi.
> Que fait la mort ? Elle peut nous surprendre,
> On aime au ciel comme on aime ici-bas.
> De tous ces feux reste-t-il une cendre,
> Ils sont passés ; ils ne reviendront pas.

Persil — Festin

Chez les anciens Grecs, les invités à un festin se couronnaient de persil ; aujourd'hui on pare encore certains pla[ts]
de feuilles de cette plante.

Pervenche — Doux souvenirs

Cette jolie fleur croît dans les haies, dans les buissons [et]
dans les bois. L'élégance et la précocité de ses fleurs q[ui]
sont d'un bleu de ciel assez vif, la recommandent aux horticulteurs. La pervenche était la fleur de prédilection d[e]
Jean-Jacques Rousseau. Un poète l'a chantée ainsi :

> Te souvient-il de cette amie
> Tendre compagne de ma vie,
> Où dans le bois cueillant la fleur
> Jolie,
> Hélène appuyait sur mon cœur
> Son cœur?

CHATEAUBRIAND.

Peuplier — Force, Résistance

Ce bel arbre était consacré à Hercule. Lorsque ce héro[s]
descendit aux enfers, il cueillit des branches de peuplier su[r]
les bords de l'Achéron, et s'en fit une couronne pour lutte[r]
contre la chaleur des Enfers. Quand il remonta sur la terre e[t]
qu'il revit le ciel, sa sueur avait fait blanchir le dessous de[s]
feuilles du peuplier.
Les athlètes saliens, dans leurs jeux et dans leurs luttes, e[n]
l'honneur d'Hercule, se ceignaient le front avec les feuilles
de cet arbre.

Phlox — Je me plais où vous êtes

Ces belles fleurs qui font l'ornement des parterres, poussent partout et ne craignent ni le froid ni le chaud. On peut
impunément les déplacer, diviser leurs racines, les transplanter, elles n'en sont ni moins nombreuses ni moins éclatantes de fraîcheur.

Pied d'alouette — Légèreté

L'enveloppe de sa graine ressemble aux articulations de la patte de l'alouette, un des oiseaux les plus légers à la course. Cette plante est une jolie renonculacée à fleurs bleues, à grappes lâches que l'on rencontre dans les champs et dans les moissons.

Son nom botanique est *dauphinelle*, par allusion à la forme de sa fleur qui ressemble au dauphin des anciens, tel qu'on le voit dans les figures du blason.

Pin — Hardiesse

Cet arbre aime à dominer ses compagnons, il brave les tempêtes et se plaît sur les cimes des montagnes. On tire une excellente résine du pin et son bois est très-recherché pour les constructions navales.

Pissenlit — Oracle

Sa fleur est composée de capitules terminaux, à fleurons jaunes ; les aigrettes s'étalent à la maturité, et forment par leur réunion une tête globuleuse, qui, dans le langage familier, s'appelle *chandelle*. Cette petite sphère se disperse au moindre souffle, et les jeunes gens la consultent pour savoir dans combien d'années ils se marieront.

On mange les feuilles et les racines du pissenlit en salade.

Le pissenlit est encore l'horloge des champs.

« Les fleurs, qui se ferment et qui s'ouvrent à certaines « heures, servent d'horloge au berger, et ses houppes em- « plumées lui prédisent le calme ou l'orage. » (Aimé Martin.)

Son nom vient des ses qualités diurétiques.

Pivoine, autrefois Péone — Vous me rendez le calme

Magnifique fleur de printemps dédiée à Péon, médecin des dieux, suivant la mythologie, fonction qui devait être une sinécure, car les dieux ne devaient jamais être malades.

La racine de la pivoine est employée avec succès contre l'épilepsie ; ses fleurs, grandes et d'un vif éclat, n'ont aucune odeur, si ce n'est dans certaines espèces introduites de la Chine.

Platane — Grandeur, Génie

Ce bel arbre mérite en effet, par ses belles feuilles larges et découpées, par la durée de sa verdure qui se prolonge jusqu'aux premières gelées et qui résiste à la piqûre des insectes, par ses fruits vert doré et suspendus en grappes, enfin par l'odeur balsamique qu'il exhale, les éloges que le monde entier lui donne. Les adeptes de Bacchus prétendent que l'on peut boire impunément à l'ombre du platane, parce que la fraîcheur de ses feuilles préserve de toute ivresse.

> Ces platanes riants, sous qui d'heureux buveurs
> Du père des raisins célébraient les faveurs.
>
> ROUCHER.

Poirier — L'éducation a développé vos bonnes qualités

Il faut soigner la culture de cet arbre afin qu'il donne de bons fruits. Les poires étaient déjà connues du temps d'Homère et les Romains en faisaient un grand cas. Souvent dans l'ébénisterie on teint en noir le bois du poirier, et on s'en sert pour imiter l'ébène ; les luthiers l'emploient pour fabriquer divers instruments et les charpentiers le recherchent pour faire des rouages de moulins.

Pomme de terre — Utilité

Cette plante si commune et si utile, porte des fleurs auxquelles il ne manque que d'être rares pour être recherchées par tous les amateurs. — On sait que cette solanée, originaire du Pérou et du Chili, fut longtemps laissée pour nourriture aux pourceaux. Ce fut Parmentier qui, le premier sous le règne de Louis XVI, et puissamment aidé par ce monarque, la fit connaître au public et, après mille efforts, parvint à la faire adopter comme légume alimentaire.

Pommier — Préférence, Discorde

La fleur de cet arbre est charmante et promet une excellente boisson aux Normands, car c'est avec la pomme que l'on fait le cidre.

> C'est toi, fils de la pomme, étincelant breuvage,
> C'est toi qui sus jadis enflammer le courage

De ces fiers Neustriens, dont le bras indompté
Fit ployer Albion sous le joug redouté.....
Tu sais, en pétillant sur la table enchantée,
Joindre à l'éclat de l'or une mousse argentée ;
La fièvre aux yeux ardents, que rallume le vin,
Abandonne sa proie à ton aspect divin.
L'arbre qui te produit n'occupe pas sans cesse
Les mains du laboureur autour de sa faiblesse :
Il se suffit lui-même, et ses bras vigoureux
Savent bien sans nos soins porter leurs fruits nombreux.
Salut, pommiers touffus qui couvrez la Neustrie !...

CASTEL.

Le pommier a, de tout temps, joué un grand rôle dans l'histoire. La mythologie nous dit qu'aux noces de Thétis, la Discorde n'ayant pas été invitée au festin, jeta sur la table une pomme avec cette inscription : « *A la plus belle* » ; aussitôt Junon, Minerve et Vénus désirèrent l'avoir. Le maître des dieux ne voulant pas donner son avis dans une circonstance aussi embarrassante, renvoya les déesses devant Pâris, prince troyen, qui adjugea le prix à Vénus. Les deux autres déesses jurèrent de se venger, et elles suscitèrent aux Grecs l'idée de déclarer la guerre au Troyens ; après dix ans de combats, Troie tomba au pouvoir de ses ennemis, et le nom des Troyens fut effacé du livre des nations. — Dans l'histoire sainte, ce fut, dit-on, avec une pomme qu'Ève tenta Adam. — Les sciences doivent au pommier une précieuse découverte. Le célèbre Newton s'étant un jour assis sous un pommier, un fruit de cet arbre tomba devant lui ; il réfléchit au singulier pouvoir qui sollicite les corps vers le centre de la terre, et après de nombreuses études, il révéla au monde savant les lois de la gravitation universelle et du système planétaire. — La Chine possède une espèce de pommier qui est superbe pour l'ornement des jardins ; au mois d'avril, il se couvre de fleurs d'un rose vif, légèrement odorantes. — Un autre pommier indigène de l'Amérique septentrionale, est remarquable par la délicieuse odeur de roses que répandent ses fleurs.

Primevère — Première jeunesse

Jolie petite plante commune dans les bois et les prairies ; c'est une des premières fleurs du printemps.

La primevère sort de l'herbe
Déployant ses grappes en fleurs.
Que lui sert son luxe superbe?
La pauvrette n'a pas d'odeur.

Pyramidale — Orgueil

C'est une campanule qui élève sa tige jusqu'à la hauteur
de deux à trois mètres ; ses fleurs sont étagées de bas en
haut et forment une superbe pyramide.

Pyrole — Duperie, Infidélité

On trouve cette espèce de bruyère dans les forêts et l'on
prétend que les sorciers l'employaient dans les philtres pour
rendre les amoureux infidèles.

Cruel, pourquoi m'avoir trahie?
Je t'aimais de si bonne foi !
J'ai tout sacrifié pour toi,
Et c'est toi qui me sacrifie !
Tu m'as condamnée à la mort !
Je te déplais, je suis coupable !
Hélas! s'il suffisait d'aimer pour être aimable,
Ingrat, je te plairais encor...

DEMOUSTIER.

N'aimez jamais qu'on ne vous aime :
L'amour n'est rien, si l'on n'est deux.
Veut-on changer, changez de même ;
C'est le vrai moyen d'être heureux.

Quassi — Reconnaissance

LE quassi est un arbuste de Surinam, dont les vertus ont été mises en lumière par un nègre nommé *Quassi*. Cet homme, pour témoigner sa reconnaissance à un officier hollandais, son bienfaiteur, lui révéla les propriétés fébrifuges de la racine, dont il se servait secrètement pour guérir les fièvres intermittentes pernicieuses. Le naturaliste Linné donna le nom du nègre à l'arbre qu'il avait fait connaître.

Quinoa — Prévoyance

Cette herbe est annuelle au Chili ; les semences réduites en bouillie servent de nourriture aux montagnards. Ils ont aussi le soin de faire sécher les graines, de les mettre dans des sacs afin de s'en servir quand la neige couvrant les sommets des hautes montagnes, les isolent de toute communication avec les habitants des vallées. Sans cette précaution les malheureux périraient de faim. — Plusieurs espèces de cette plante croissent en France.

Quinquina — Santé

Les quinquinas ou cinchonas sont des arbres ou des arbrisseaux toujours verts qui croissent naturellement dans les hautes vallées des Andes intertropicales. Les Indiens les nomment kina-kina et l'emploient depuis longtemps pour combattre les fièvres et rétablir les forces épuisées. Ils l'appellent aussi *arbre contre le frisson, écorce contre le froid*, en faisant allusion aux symptômes des fièvres intermittentes.

On raconte qu'un père jésuite vint à passer dans un village indien , tourmenté par une fièvre intense. « Laisse-moi faire, lui dit le chef de la tribu, et je te guérirai. » L'Indien courut à la montagne, en rapporta une écorce, la fit bouillir et fit boire cette décoction au missionnaire qui guérit radicalement et rapporta la précieuse écorce en Europe. De là le nom de *poudre des Jésuites* que porta longtemps le quinquina. Il s'appela ensuite *cinchona*, du nom de la comtesse de Cinchon, femme du vice-roi du Pérou, laquelle fut guérie en 1638 d'une fièvre qui l'avait mise à deux doigts de la mort.

On prétend aussi que ce fut un chien qui le premier révéla aux Indiens les précieuses vertus du quinquina. Il était atteint de ces fièvres terribles qui n'épargnent même pas les animaux ; il but dans une mare où croupissaient des écorces du kina et fut guéri. Les Indiens décimés par la maladie y burent aussi et connurent ainsi les qualités fébrifuges de l'arbre.

Quintefeuille — Fille chérie

C'est une des espèces de la potentille. Aussitôt que le temps menace de la pluie, les feuilles de cette plante se réunissent en un éventail qui, penché sur la fleur, la protége des intempéries de l'atmosphère. — Cette image fait penser à la tendre mère occupée du soin de veiller sur sa fille chérie.

> Elle éprouvait, cent fois le jour,
> Ce mélange d'inquiétudes
> D'ivresses, de sollicitudes,
> Inséparables de l'amour,
> Ses soins étaient plaisirs pour elles :
> Les soins de mère sont si doux !...
>
> DEMOUSTIER.

CONFIANCE
Je la mets en vous.

Rhododendron — Premier aveu d'amour

Ce bel arbrisseau croît dans les montagnes de l'Europe et de l'Asie. C'est au moment où le soleil, s'élevant sur l'horizon, envoie des rayons assez chauds pour fondre les neiges, c'est au retour du printemps quand tout se réveille du sommeil de l'hiver que le rhododendron ouvre ses magnifiques fleurs et répand son parfum. Mais l'odeur qu'il exhale trouble, enivre, et peut faire perdre un instant la raison ; n'est-ce pas aussi l'effet que produit au printemps de la jeunesse le premier aveu d'amour.

Renoncule des jardins — Péril caché

Belle fleur cultivée pour la variété de ses couleurs, mais très-dangereuse. Il faut éviter d'en porter à la bouche aucune de ses parties, car le suc qu'elle renferme peut causer de graves accidents.

Renoncule scélérate — Méchanceté

On trouve cette variété au bord des étangs et des marais; elle contient un poison si violent que ses feuilles appliquées sur la peau causent en peu d'heures des plaies profondes qui généralement sont suivies de la gangrène. — Les renoncules scélérates, âcres, aquatiques, ainsi que plusieurs autres espèces à fleurs jaunes comme elles et comme elles aussi, très-vénéneuses, sont connues sous le nom de bouton d'or.

Réséda odorant — Vos qualités surpassent vos charmes

L'Égypte a donné naissance au réséda, ses fleurs sont insignifiantes, mais son odeur est d'une suavité enchanteresse.

> Réséda, plante gracieuse,
> Dans ta corolle vaporeuse
> Vient se bercer chaque brise du soir;
> Son haleine que tu parfumes,
> Sous tes fleurs glisse dans les brumes
> Comme l'encens à travers l'encensoir.
>
> ALEX. GUÉRIN.

Romarin — Votre présence me ranime

Il croît surtout près des rivages maritimes : de là son nom de *ros marinus* qui signifie *parfum de la mer*. L'huile volatile qui abonde dans les feuilles et les fleurs de cette plante ont de puissantes propriétés stimulantes. Les pharmaciens en préparent un alcoolat connu sous le nom d'*eau de la reine de Hongrie*. — C'est au romarin que le miel de Narbonne doit sa saveur aromatique. Si cette plante ne fleurit pas bien, les abeilles sont inquiètes, et quelquefois elles émigrent pour chercher au loin un endroit où elles trouveront leur fleur de prédilection.

Ronce — Protection bienveillante

Arbuste épineux et rampant qui vient dans les bois et qui porte des fruits semblables à ceux du mûrier. On en fait des haies ; les pauvres gens chauffent leur four de ses branches ; les moutons, les chèvres et les vaches mangent leurs feuilles qui sont aussi employées en médecine, et de ses fruits on fait un vin assez bon d'où l'on peut retirer une excellente eau-de-vie. — La ronce sert à préserver les jeunes arbres à fruit de la dent des bestiaux et surtout des moutons qui, rebutés par les épines, abandonnent leurs tentatives de gourmandise non sans y laisser quelque peu de leur laine que les oiseaux récoltent pour en tapisser leurs nids.

Roses

On ne peut mieux commencer le chapitre des roses que par ces délicieux vers.

> J'ai voulu ce matin te rapporter des roses ;
> Mais j'en avais tant pris dans mes ceintures closes,
> Que les nœuds trop serrés n'ont pu les contenir.
> Les nœuds ont éclaté ; les roses envolées,
> Dans le vent, à la mer s'en sont toutes allées ;
> Elles ont suivi l'eau pour ne plus revenir.
> La vague en a paru rouge et comme enflammée ;
> Ce soir, ma robe encore en est tout embaumée...
> Respires-en sur moi l'odorant souvenir.

DESBORDES-VALMORE.

La rose embellit tous les lieux qu'elle habite, elle est la reine des fleurs par la noblesse de son port, la beauté de son feuillage et la suavité de son odeur. Elle est aussi, par son existence éphémère, l'emblème de la fragilité, de la beauté et des plaisirs.

> Pare le sein de mon amie
> Rose chérie, aimable fleur,
> Qu'elle te donne sur son cœur
> La place que chacun envie.

Rose à cent feuilles — Grâces

Quand les peintres représentent les Grâces elles ont tou-jours sur la tête une couronne de roses à cent feuilles.

9.

Roses, quand vous vous balancez
Gracieuses sur.votre tige,
Près des bosquets où vous croissez
Votre odeur donne un doux vertige.

ÉTIENNE ARAGO.

Rose de Bengale — Complaisance

La rose de Bengale fleurit toute l'année et donne de nombreuses fleurs.

Pourquoi, Seigneur, fais-tu fleurir ces pâles roses,
Quand déjà tout frissonne ou meurt dans nos climats?
Hélas! six mois plus tôt que n'étiez-vous écloses!
Pauvres fleurs, fermez-vous! voilà les blancs frimas.

DE LAMARTINE.

Rose pompon — Gentillesse

Cette variété est aussi appelée rose de mai parce qu'elle est dédiée à la vierge Marie à laquelle le mois de mai est consacré. Rien de mignon, de gracieux et de joli comme cette charmante petite rose; les jeunes filles aiment à s'en parer car elles retrouvent dans la rose pompon une ressemblance avec elles.

Vous dont la gloire est d'être belle,
D'un sexe aimable jeune fleur,
Prenez la rose pour modèle;
Son éclat naît de sa pudeur.

DE LAYRE.

Rose blanche — Silence, Discrétion

La statue du silence a une rose blancle dans la main. Chez les anciens on peignait une rose semblable à la porte de la salle des festins pour avertir les convives qu'ils devaient oublier les paroles qu'ils avaient entendues.

Rose jaune — Infidélité

Si jamais vous cessiez de m'aimer, mon amie,
Moi, qui jusqu'à la mort compte sur votre cœur,
Laissez-moi mon erreur
Pour me laisser la vie.

DEMOUSTIER.

Rose mousseuse — Amour, Volupté

Son calice est entouré d'une mousse d'un joli vert.

L'ange dont le plaisir est de soigner les fleurs
Et qui, pendant la nuit, les trempe de rosée,
Un jour de gai printemps, seul avec sa pensée,
Sur un rosier goûta du sommeil les douceurs.
A son réveil, il dit : « Que je te remercie,
Toi le plus cher de mes enfants !
Pour moi ton doux parfum du ciel est l'ambroisie,
Ton ombrage enivre mes sens !...
Demande donc, dis, veux-tu quelque chose ?
— Oui, répondit la rose :
Un nouvel ornement
Qui soit l'orgueil de la nature. »
En ce moment
La mousse lui servit de modeste parure.

Rose sans épines — Plaisir facile

Aussi belle que ses sœurs, répandant un parfum aussi suave, cette rose est privée des aiguillons que la nature a donnés aux autres roses. On peut la cueillir facilement et l'audace et l'adresse sont inutiles pour cela, mais aussi tout le monde peut s'en emparer sans danger.

Rose flétrie — Beauté flétrie

Elle était de ce monde, où les plus belles choses
Ont le pire destin ;
Et rose, elle a vécu ce que vivent les roses,
L'espace d'un matin.

MALHERBE.

Rose blanche et Rose rouge — Feu du cœur

L'insecte regarde la rose,
Les oiseaux regardent les cieux ;
Ange et reine : mais moi je n'ose
Contempler l'azur de vos yeux,
Ah ! c'est qu'auprès de vous la rose
Est sans éclat et sans couleur ;
Et la porte du ciel m'est close
Si vous me fermez votre cœur.

XAVIER DE MONTÉPIN.

Rose épanouie — Beauté passagère

I

Mignonne, allons voir si la rose,
Qui ce matin avait déclose
Sa robe de pourpre au soleil,
N'a point perdu sa vesprée
Les plis de cette robe pourprée,
Et son teint au vôtre pareil.

II

Las! voyez comme en peu d'espace,
Mignonne, elle a dessus la place
Là, là, ses beautés laissé choir!
O, vraiment, marâtre nature!
Puisqu'une telle fleur ne dure
Que du matin jusques au soir!

III

Or donc, écoutez-moi, mignonne :
Tandis que votre âge fleuronne
Dans sa plus verte nouveauté,
Cueillez, cueillez votre jeunesse ;
Comme à cette fleur, la vieillesse
Fera ternir votre beauté!

RONSARD.

Roseau à massue — Musique

La nymphe Syrinx s'amusait à cueillir des fleurs sur les bords du fleuve Ladon. Tout entière à cette agréable occupation, elle n'avait pas pris garde à la venue du dieu Pan. En l'apercevant elle se mit à fuir, mais le dieu courait mieux qu'elle, et Syrinx allait tomber au pouvoir du satyre quand elle implora les nayades ses sœurs, qui la changèrent en roseau. Le dieu, déçu de son espérance, coupa plusieurs de ces roseaux d'inégales grandeurs et en fit l'instrument de musique connu sous le nom de flûte de Pan.

Pour fuir le dieu des bois, plongée au fond des eaux
Syrinx fut transformée en d'utiles roseaux.

GRESSET.

D'où naît cette rigueur extrême?
Pourquoi refusez-vous d'écouter mes serments?

Je suis laid ; mais, hélas ! est-on laid quand on aime ?
La beauté véritable est dans les sentiments.

DEMOUSTIER.

Roseau plumeux — Indiscrétion

Les dieux des anciens n'étaient pas toujours bons et sur-
tout ils avaient un excessif amour-propre. Midas, roi de
Phrygie, éprouva la colère d'Apollon pour avoir eu la fran-
chise de trouver le chant de Marsyas plus beau que celui du
dieu de la poésie. Irrité de ce jugement, Apollon fit venir
des oreilles d'âne au pauvre Midas. Le secret de cette infir-
mité fut longtemps gardé, car le barbier du roi craignait le
juste ressentiment de son maître ; mais enfin cet homme ne
pouvant plus résister à l'envie de parler, fit un trou dans la
terre, se mit à genoux et dit bien bas, bien bas : *Le roi Midas
a des oreilles d'âne.* Ensuite il recouvrit avec soin le trou,
et s'en alla très-satisfait, persuadé que son secret était enfoui
dans les entrailles de la terre ; mais Apollon fit pousser des
roseaux en cet endroit et quand le vent les agitaient ils ré-
pétaient : *Le roi Midas a des oreilles d'âne.* Le barbier fut
mis à mort pour son indiscrétion.

Rudbeckie — Vous êtes inconstant, Changement

Cette fleur fort belle est en forme de grande marguerite
simple dont le cœur est noirâtre et les rayons rose pourpre.
Mais en se succédant elle varie de couleurs et de nuances,
de manière qu'il est très-rare de trouver deux fleurs sem-
blables sur le même pied.

Sabot ou Chaussure de Vénus — Votre démarche est celle d'une déesse

Cette fleur est une jolie orchidée recherchée des amateurs de jardins. — Vénus courant au travers des forêts à la recherche du corps d'Adonis, tué par un sanglier, avait les pieds ensanglantés par les ronces et les cailloux du chemin. Elle se chaussa avec cette fleur qui ressemble en effet à une pantoufle élégante.

Safran — N'abusez pas

Le safran est une espèce de crocus dont les stigmates (pistils) renferment un principe jaune colorant et une huile très-odorante, mais dont il ne faut pas abuser, car cet arôme agit sur le cerveau, l'estomac et les voies respiratoires et peut causer des désordres très-graves. — A Tyr, on teignait avec le safran les voiles des jeunes mariées ; les Sybarites en buvaient une légère infusion avant de célébrer les fêtes de Bacchus et de Vénus.

Sainfoin oscillant — Agitation

Originaire du Bengale, il exécute des mouvements continus. Sa feuille se compose de trois folioles ; les deux latérales, beaucoup plus petites que la terminale, sont animées d'un double mouvement de flexion et de torsion sur elles-mêmes ; ce mouvement est rapide et saccadé, il s'exécute de nuit comme de jour. La foliole impaire, au contraire, *dort* ou *veille*, c'est-à-dire qu'elle est abattue ou redressée suivant l'action de la lumière.

Salicaire — Prétention à la beauté

La salicaire est une belle plante qui croît dans les marais et sur les bords des eaux courantes où elle élève à la hauteur de deux mètres ses beaux épis de fleurs purpurines. C'est une des plus belles habitantes des prairies humides.

Sapin — Élévation

Cet arbre toujours vert se trouve dans toute l'Europe et jusqu'aux confins de la Laponie. Il élève sa cime jusqu'à soixante mètres de hauteur et son tronc atteint quelquefois six mètres de circonférence. Il croît sur les montagnes dont il décore les croupes de son feuillage sombre. Lorsqu'il est isolé on dirait un gigantesque obélisque se détachant sur la blancheur de la neige.

> Que j'erre avec plaisir sous le pesant ombrage.
> De ces sapins pressés qui, d'étage en étage,
> Allongent dans les airs leurs gigantesques fronts.
>
> CHÉNÉDOLLÉ.

Saponaire — Adoucissement aux peines

Cette plante produit de grandes fleurs en forme d'œillet simple, large, d'un blanc rosé et odorantes. On la trouve dans les lieux humides. Sa tige et sa racine écrasées et battues dans l'eau donnent une liqueur mucilagineuse qui remplace avantageusement le savon, surtout pour les étoffes de couleurs tendres ou fugitives.

Sauge — Santé

Cette herbe se rencontre dans les champs; de ses fleurs et de ses feuilles on fait une espèce de thé qui est employé comme stimulant, antispasmodique et fébrifuge. Les ménagères mettent souvent de la sauge dans leurs armoires pour en éloigner les insectes. Chez les Grecs cette plante était trèsestimées pour ses vertus médicinales. Son nom veut dire *plante salutaire* qui *rend la santé*. — On disait autrefois : « Pourquoi mourait l'homme qui a de la sauge dans son jardin ? »

Saule pleureur ou Saule de Babylone — Mélancolie, Regrets

C'est au bord des fleuves de la Babylonie que cet arbre laisse retomber ses longs rameaux feuillus qui baignent leurs extrémités dans les flots. — Il sert à orner les pièces d'eau solitaires et ajoute à la tristesse des lieux où il croît. C'est encore lui qui recouvre la tombe de l'ami qui n'est plus.

Le saule de Sainte-Hélène est devenu un arbre historique.

Scabieuse — Deuil, Veuvage, Fleur des veuves

Fleur d'un pourpre noir foncé qui, cultivée, a donné de nombreuses variétés. On la plantait sur les tombeaux.

Sceau de Salomon — Sagesse, Prudence

Fleur très-commune dans les bois, blanche et verte, pendante et odorante. Sa racine est assez grosse et couverte de nœuds qui représentent assez bien un seing ou sceau. — Les sorciers attribuaient une grande vertu magique à cette racine et l'avaient dédiée à Salomon dont le sceau portait le vrai nom de Dieu et ne pouvait être brisé par aucune puissance.

Sensitive — Pudeur

Cette plante, originaire de l'Amérique méridionale, est pourvue dans toutes ses parties d'une telle sensibilité que le plus léger attouchement suffit pour que ses tiges et ses feuilles se contractent et s'abaissent subitement. Vers le soir, ou seulement quand le ciel se couvre de nuages, la sensitive se replie sur elle-même et semble s'endormir ; puis elle se réveille et s'épanouit avec le retour du jour et du beau temps. On l'appelle aussi mimosa ou acacie pudique. — On raconte qu'une nymphe aussi belle que sage fut aimée du berger Iphis. Encore quatre jours et elle allait être unie à celui auquel elle avait donné son cœur, quand Iphis, ne pouvant résister à la violence de sa passion la poursuivit dans les bois.

Éperdue, près de succomber, elle poussa des cris de désespoir et invoqua le dieu Hymen qui la changea en sensitive.

> Une plante, ô prodige! à l'éclat de ses charmes
> Unit de la pudeur les timides alarmes ;
> Si d'un doigt indiscret vous osez la toucher,
> Tout s'agite : la feuille est prompte à se cacher,
> Et la branche mobile, aux mêmes lois fidèle,
> S'incline vers la tige et se range auprès d'elle.
>
> LIVRE DU DESTIN.

Seringat — Mon cœur est pénétré de vos bontés

Petit arbuste aux fleurs blanches répandant une odeur agréable, mais forte et pénétrante; il est originaire d'Orient.

Sésame — Ouvrez-moi votre cœur

Le sésame est une plante herbacée. Ses graines contiennent une huile fixe très-abondante, dont on se sert en Orient comme aliment, comme médicament et comme cosmétique.

Les sorciers arabes attribuaient à cette graine des vertus magiques qui forçaient les portes à rouler d'elles-mêmes sur leurs gonds et à s'ouvrir. Tout le monde se rappelle le fameux « *Sésame, ouvre-toi!* » des *Mille et une Nuits*.

Sorbier ou Cormier — Soyez patient, Attendez

On sait que le fruit de cet arbre, nommé corme ou sorbe est fort élégant et d'un aspect agréable, mais il est tellement acerbe et âpre qu'on ne peut le manger. Mais, cueilli et mûri sur la paille il devient, après un long temps, doux au goût et parfumé.

Souci — Chagrin, Peine

Les anciens représentaient le *chagrin* sous les traits d'un jeune homme tenant dans sa main une couronne de soucis La douleur de Vénus donna, dit-on, naissance à cette fleur.

> Veuve de son amant, quand jadis Cythérée
> Mêla ses pleurs au sang de son cher Adonis
> Du sang, naquit, dit-on, l'anémone pourprée ;
> Des pleurs, naquirent les soucis.
>
> CONST. DUBOS.

Tamarix — Vous ne m'attraperez pas

CET abrisseau, dont les longues grappes de petites fleurs purpurines font l'ornement des massifs des jardins, sont pour la plupart originaires de France. On faisait autrefois des verres ou tasses en bois de tamarix, et l'on prétendait qu'en en faisant usage pour boire et pour manger, la rate se dissolvait, ce qui permettait d'acquérir une vélocité excessive à la course.

Tanaisie — Dehors trompeurs

Cette plante, cultivée dans les jardins, porte un large corymbe de fleurs d'un jaune d'or ; mais son odeur est très-forte, son goût d'une amertune insupportable et son emploi en médecine ne doit être fait qu'avec prudence.

Thlaspi — Je brise les obstacles

Le thlaspi des champs comme celui des jardins, connu aussi sous le nom d'ibéride, se plaît dans les terrains sablonneux ou pierreux ; dans les montagnes sa racine pénètre dans la roche et les cailloux, les fend et les divise.

Thym — Vous embaumez l'air où vous respirez

Le nom de cette plante vient d'un mot grec qui signifie : « *je parfume.* » L'excellence du miel récolté en Grèce sur le mont Hymette et en Sicile sur le mont Hybla était attribué au délicieux arôme du thym de Crète. Les hommes et les animaux la recherchent également.

> Et les zéphirs légers, voltigeant sur le thym
> Nous rapportent le soir les parfums du matin.
>
> LEMIERRE.

Tilleul — Amour conjugal

Jupiter et Mercure, cachés sous la forme humaine, visitaient la Phrygie. Arrivés dans un village, c'est en vain qu'ils demandèrent l'hospitalité dans les maisons des plus riches habitants, ils furent repoussés partout. Ce furent deux pauvres bûcherons, Philémon et Baucis sa femme, qui, malgré leur misère, reçurent de leur mieux les deux étrangers.

Pour les récompenser, Jupiter changea leur cabane en un temple dont ils devinrent les serviteurs. Ces modèles de l'amour conjugal ne réclamèrent du maître de l'Olympe d'autres faveurs que de mourir ensemble quand le destin aurait marqué leur dernier jour : leurs vœux furent exaucés. Philémon fut changé en chêne et Baucis en tilleul.

Trompette du jugement dernier — Éternité

On appelle ainsi la fleur du datura fastueux dont l'immense corolle, blanche en dedans et violette en dehors, a la forme de l'une de ces trompettes que sonnent les anges, dans les tableaux de sainteté, lorsqu'ils appellent les âmes à comparaître au jugement du Très-Haut.

Tubéreuse — Volupté

Cette plante est originaire de l'île de Ceylan ; elle séduit par la beauté de ses fleurs blanc rosé disposées en épi. Son odeur est enivrante, et si on la respire trop longtemps elle peut causer la mort.

> . . . . Et ma vue enchantée
> Fixe la tubéreuse à la feuille argentée :
> Que son baume est flatteur, mais qu'il est dangereux.
> Ainsi toujours du sort les décrets rigoureux.
> Mêlent quelque amertume aux plaisirs de la terre.
>
> ROUCHER.

Dans l'Amérique espagnole, la tubéreuse est nommée « fleur des jeunes époux » ; on leur en remet une tige fleurie à l'entrée de la chambre nuptiale.

Tulipe — Magnificence

> Pour couronner enfin les richesses qu'étale
> Des jardins renaissant la pompe végétale,

> La tulipe s'élève. Un port majestueux,
> Un éclat qui du jour reproduit tous les feux,
> Dans les murs bysantins méritent qu'on l'adore,
> Et lui font pardonner son calice inodore.

C'est, parmi les Turcs, la marque de la plus haute estime que d'envoyer une tulipe en présent.

Cette fleur en Orient est regardée comme l'emblème du printemps ; car c'est au mois d'avril que se célèbre la fête des tulipes. On construit dans la cour du sérail des galeries en bois, et l'on dresse des bancs sur lesquels on range en amphithéâtre une quantité prodigieuse de carafes garnies de tulipes. Ces vases sont entremêlés de flambeaux, et sur les gradins les plus élevés sont placées de magnifiques cages remplies d'oiseaux des espèces les plus rares. De distance en distance de grosses boules de cristal contiennent des essences de différentes couleurs qui produisent un merveilleux effet. Au centre de la cour se dresse le pavillon du sultan devant lequel sont étalés les présents que les grands dignitaires offrent à Sa Hautesse. La musique et les danses terminent cette fête.

Ulloa — Je compte sur vos services

Joli arbrisseau du Mexique qui porte des fleurs tubuleuses d'un beau jaune orange. On le cultive en serre tempérée.

Utriculaire — J'attends l'instant propice

Cette plante aquatique aux fleurs jaunes se trouve dans les mares et les étangs. Elle doit son nom à des petites outres ou vésicules munies d'une espèce de couvercle mobile. Pendant la jeunesse de la plante, ces utricules sont remplis d'un mucus plus pesant que l'eau qui la font rester au fond. Vers l'époque de la fécondation, les feuilles secrètent un gaz léger qui chassent le mucus par le couvercle qui s'entrouvre ; alors l'utriculaire, soutenu par une foule de petites vessies aériennes, vient flotter à la surface ; la floraison et la fécondation s'opère à l'air libre et les étangs sont couverts de ses fleurs jaunes. Puis les fleurs secrètent de nouveau du mucus qui chasse l'air ; les utricules deviennent plus lourds, s'enfoncent dans la vase où les graines doivent mûrir et germer.

Valériane — J'en aurai la force

LES différentes espèces de valériane sont employées en médecine pour combattre les affections nerveuses et pour rendre au corps la force perdue. C'est un puissant tonique et antispasmodique. Elles sont cultivées dans les jardins où il est assez difficile de les conserver car les chats qui aiment passionnément l'odeur de sa racine, fouillent la terre, déchaussent la plante, la renversent et se roulent dessus, avec des cris de plaisir.

Valisnérie spirale — Amour coquet.

Cette singulière fleur, dont la tige est roulée en spirale, reste constamment sous l'eau jusqu'au moment où elle doit produire. Alors la spirale se déroule et la fleur arrive à la surface des eaux, le phénomène de sa floraison est ainsi décrit :

> Le Rhône impétueux, sous son onde écumante,
> Durant six mois entier nous dérobe une plante
> Dont la tige s'allonge en la saison d'amour,
> Monte au-dessus des flots et brille aux yeux du jour.
> Les mâles, dans le fond jusqu'alors immobiles,
> De leurs liens trop courts brisent les nœuds débiles,
> Volent vers leur amante et libres de leurs feux,
> Lui forment sur le fleuve un cortége nombreux.
> On dirait une fête où le dieu d'hyménée
> Promène sur les flots sa pompe fortunée ;

> Mais, les temps de Vénus une fois accomplis,
> La tige se retire en rapprochant ses plis,
> Et va mûrir sous l'eau sa semence féconde.
>
> CASTEL.

Verdure — Espérance, Joie

> La verdure paraît, ce présent le plus beau
> Que fasse la nature en sortant dn tombeau.

La couleur verte est le symbole de l'espérance et chaque année, quand la verdure reparaît aux arbres et dans les plaines, cette messagère du printemps est accueillie avec joie.

De même aussi, quand vient le souffle de l'automne et que les feuilles desséchées voltigent, emportées par la brise froide et humide, il semble que l'espérance s'enfuit avec elle.

> Arbres dépouillés de verdure,
> Malheureux cadavres des bois,
> Que devient aujourd'hui cette riche parure
> Dont je fus charmé tant de fois?
>
> J.-B. ROUSSEAU.

Vernis du Japon ou Ailanthe — Bienfait du ciel

Cet arbre qui a été acclimaté en France et qui couvre de son bel ombrage bon nombre de nos promenades publiques, est appelé au Japon et en Chine, d'où il est originaire, *l'arbre du ciel.*

Les Japonais l'emploient à une foule d'usages utiles et ses feuilles nourrissent une espèce de ver dont on retire une soie d'un brillant et d'une solidité remarquables.

Véronique — Votre image est gravée dans mon cœur

Belle plante à épis de fleurs bleues ou blanches qui orne les prairies et les jardins.

Le Christ marchait avec peine en gravissant le Calvaire; accablé d'injures, courbé sous le poids de la croix, instrument de son supplice, il priait pour ses bourreaux et, comme au jardin des Oliviers, la sueur couvrait son front. Une femme de Jérusalem eut pitié de sa souffrance; elle s'élança au milieu de la foule, et d'un blanc tissu de lin elle essuya la figure du Sauveur dont les traits se gravèrent sur le linge. C'est ce que les chrétiens appellent *la sainte image* ou *véronique* que reçut la sainte et charitable femme dont parle la légende.

Verveine — Inspiration, Poésie

Les Grecs et les Romains la regardaient comme une herbe sacrée ; les hérauts de ces deux nations en couronnaient leur tête ou leur caducée, lorsqu'on les envoyait demander la paix ou déclarer la guerre. La table où mangeait Jupiter était placée sur un lit de verveine. Les pythonisses se couronnaient de rameaux de cette plante pour prédire l'avenir et entrer dans les accès de leur délire sacré. Dans la Gaule, les druides et les druidesses ne prononçaient leurs oracles qu'une branche de verveine à la main, enfin les sorciers la faisaient entrer dans la préparation de leurs philtres. Autrefois connue sous le nom de « *herbe à tous les maux,* » les médecins en font aujourd'hui peu de cas.

Vigne — Ivresse, Fureur, Je perds la raison

La vigne est originaire de l'Asie. Suivant les diverses traditions, Noé, Osiris et Bacchus passent pour avoir appris aux hommes la culture de cette plante. On sait que Noé fit le premier du vin, qu'il en but et que, n'en connaissant pas les effets, il se grisa. Ce n'est qu'au troisième siècle que l'empereur Probus la fit replanter dans la Gaule, car Domitien en avait fait arracher tous les pieds dans le milieu du premier siècle.

Les Égyptiens prétendaient que la vigne était née du sang des géants et expliquaient ainsi la fureur que donne l'ivresse.

La vigne ne fleurit que lorsque les gelées sont passées ; à ce moment, sa sève s'échappe abondamment de ses rameaux.

> Honteuse, alors que tout fleurit,
> De recouvrer si tard ses charmes,
> La vigne arrose de ses larmes
> La colline qui la nourrrit.

Violette — Modestie, Pudeur

> Quand Flore, la reine des fleurs,
> Eut fait naître la violette
> Avec de charmantes couleurs,
> Les plus tendres de la palette,

>   Avec le corps d'un papillon
>   Et ce délicieux arôme
>   Qui la trahit dans le sillon :
>   « Enfant de mon chaste royaume
>   « Quel don puis-je encore attacher,
>   « Dit Flore, à ta grâce céleste ? —
>   « Donnez-moi, dit la fleur modeste,
>   « Un peu d'herbe pour me cacher ?
>
> LOUIS RATISBONNE.

> Modeste en ma couleur, modeste en mon séjour,
> Franche d'ambition, je me cache sous l'herbe;
> Mais, si sur votre front, je puis me voir un jour,
> La plus humble des fleurs sera la plus superbe.
>
> DESMARETS DE SAINT-SORLIN. — *Guirlande de Julie.*

Pour figurer la modestie on plaçait une violette sous d'autres fleurs avec cette devise : « Il faut me chercher. » Chez les Grecs et les Celtes, cette fleur a toujours été l'emblème de l'innocence et de la virginité dont l'expression est la modestie; ils en décoraient le cercueil des jeunes vierges. La même coutume existe encore aujourd'hui dans certaines parties de l'Allemagne.

La mythologie prétend que Vénus venant d'épouser le laid Vulcain, ne pouvait se résoudre à le suivre. Celui-ci, se couronna de violettes, et la belle déesse, sensible à leur doux parfum, sourit à son mari, écouta ses protestations d'amour, et devint sa femme.

Violette blanche	Innocence.
Violette jaune	Beauté passée.
Violette double.	Amitié réciproque.
Bouquet de violettes entouré de feuilles.	Amour caché.

Volubilis — Caresses, Mon cœur vous embrasse, Ma première pensée est à vous

Cette charmante fleur, si commune et pourtant si belle et si variée s'enroule, autour de tout ce qui l'avoisine et forme des berceaux où l'éclat et le velouté de ses fleurs le disputent à la beauté et à l'élégance de ses feuilles en cœur.

Aussitôt que le volubilis est frappé par les rayons du soleil, il se fane après avoir vécu seulement un matin.

De nos bosquets aimable souveraine
Fleur que choisit la volupté,
Croise les nœuds de ta flexible chaîne
Sur ce berceau que j'ai planté.
Étends sur lui ton caressant feuillage
Et par tes fleurs ajoute tous les jours
A ce riant et pur ombrage
Que je réserve à mes amours.

J. BAJET.

TABLE ALPHABÉTIQUE

DU SYMBOLISME

DES PLANTES ET DES FLEURS

A

Absinthe — Absence.
Acacia blanc — Amour platonique.
Acanthe — Beaux-Arts.
Aconit — Dissimulation.
Adonide — Douloureux souvenir.
Alisier — Accord, harmonie.
Aloës (bec de perroquet) — Caquet.
Alysse des rochers — Tranquillité.
Amandier — Étourderie.
Amaranthe — Immortalité.
Amaryllis — Fierté.
Amelle — Désir de plaire.
Ananas — Perfection.
Anémone — Abandon.
Anémone hépatique — Confiance imprudente.

Anémone des prés — Maladie.
Angélique — Inspiration, extase.
Apocyn — Trahison.
Argentine — Naïveté.
Aristée — Vigueur.
Aristoloche — Étreinte.
Armoise — Santé.
Arnique — Péril, danger.
Arum à feuilles en cœur — Ardeur.
Arum gobe-mouche — Piége.
Asclépias ou arbre à l'ouate — Coquetterie.
Asphodèle — Regret.
Astragale — Bienfait caché.
Aubépine — Espérance, prudence
Azerole — Apreté, aigreur.

B

Baguenaudier — Amusement, passe-temps frivole.
Balisier — Beauté passagère.
Balsamine — Impatience.
Balsamine violette — Caractère impatient.
Balsamine blanche — Pureté de sentiment.
Balsamine rouge — Activité, ardeur.
Bardane — Importunité.
Basilic — Pauvreté.
Baume — Guérison.
Belle de jour — Coquetterie.
Belle de nuit — Alarme d'un cœur sensible.
Bétoine — Brusquerie.

Blé — Richesse, abondance.
Bon Henri — Affabilité, douceur.
Boule de neige — Ennui, fatigue.
Bourrache — Changement.
Bouton de rose — Jeune fille.
Bouton de rose blanche. — Cœur qui s'ignore.
Bouton d'or. — Danger des richesses.
Brize tremblante — Frivolité.
Bruyère — Solitude.
Buglosse — Mensonge.
Bugrane — Obstacle.
Buis — Stoïcisme.

C

Caille-Lait ou Gaillet — Importunité.
Camara piquant — Rigueur.
Cameline — Reconnaissance.
Camellia — Talent modeste et vénéré.
Camomille — Calme.
Campanule — Surveillance.
Capillaire — Discrétion.
Capucine — Feu d'amour.
Carline — Isolement, solitude.
Carthame — Utilité.
Centaurée (petite) ou Chironée — Félicité.

Cerisier — Bonne éducation.
Charme — Ornement.
Champignon — Soupçon.
Chanvre — Folie.
Chardon à foulon ou Cardère — Utilité.
Châtaignier — Prévoyance, rendez-moi justice.
Chélidoine — Lumière, clarté.
Chêne — Hospitalité.
Cheveux de Vénus — Sympathie.
Chèvrefeuille — Liens d'amour.
Chicorée — Frugalité.

Chiendent — Persévérance.
Chou — Profit.
Chrysanthème des prés — M'aimez-vous.
Cigüe — Trahison, engourdissement.
Ciste — Jalousie.
Citronnelle — Douleur.
Citronnier — Désir de correspondre.
Clandestine — Amour caché.
Clématite — Artifice, tromperie.
Coca — Bienfait suprême.
Colchique — Mes beaux jours sont passés.
Convolvulus de nuit — Obscurité.
Coquelicot — Reconnaissance.

Coriandre — Mérite caché.
Cornouiller — Durée, dureté.
Coudrier — Paix, réconciliation, évocation.
Couronne de roses — Récompense de la vertu.
Crapaudine — Artifice.
Croix de Jérusalem — Foi, fidélité à toute épreuve.
Cupidone bleu — Vous inspirez l'amour.
Cuscute — Bassesse, ingratitude.
Cyprès — Deuil, douleur, mort.
Cytise (faux ébénier) — Noirceur.

D

Dahlia — Reconnaissance.
Dame d'onze heures — Vous venez tard.
Dattier — Bienfait.
Datura — Charmes trompeurs.
Dentelaire — Causticité.
Digitale pourprée — Consolation.
Dionée — Cruauté inutile.

Diosnée — Parfum divin.
Doradille — Finesse.
Doronic — Grandeur, éclat.
Dracocéphale — Soumission, obéissance.
Dragonnier — Défense.
Dryade — Solitude.

E

Ébénier — Noirceur.
Échinops ou boule azurée — Qui me touche se blesse.
Églantier — Poésie.
Ellébore — Folie, manie, faux bel esprit.
Épacris — Élévation.
Ephémérine de Virginie — Bonheur éphémère.

Épervière — Je surveille.
Épilobe à épi — Unissons-nous.
Épine-Vinette — Aigreur.
Eupatoire — Amour paternel.
Euphorbe, Réveil-matin — J'ai perdu le repos.
Euphraise — J'y vois clair.
Euryale — Amitié à toute épreuve.

F

Fenouil ou Aneth — Force.
Férule — Correction, punition.
Feuilles mortes — Mélancolie.
Feuilles vertes — Espérance.
Ficoïde éclatante — Vous brillez entre toutes.
Ficoïde glaciale — Vos regards me glacent.
Figuier — Reconnaissance.
Fontinale — Votre ardeur me laisse insensible.
Fougère — Sincérité, franchise, durée.
Foulsapate — Amour humble et malheureux.

Frène — Grandeur.
Fraise — Bonté parfaite.
Fraxinelle — Je me consume d'amour.
Fritillaire ou Couronne impériale — Majesté, puissance.
Fucus, Algues marines, Varechs. — Instabilité, incertitude.
Fuchsie ou Fuchsia — Grâce, légèreté, gentillesse.
Fumeterre — Fiel, amertume.
Fusain — Vos charmes sont tracés dans mon cœur.

G

Gaînier — Nouvelle jeunesse, vigueur renaissante.
Galanthine ou Perce-neige — Heureux présage, premier regard d'amour.
Gattilier ou Agnus-Castus — Célibat, chasteté, existence sans amour.
Genêt — Propreté.

Genèvrier — Asile, secours.
Gentiane (jeune) — Je suis à vous.
Germandrée — Plus je vous vois, plus je vous aime.
Géranium Robertin — Je puis parler
Gesse odorante ou Pois de senteur — Plaisir délicat.

Giroflée des murailles — Fidélité au malheur.
Giroflée des jardins — Beauté durable.
Giroflée de Mahon — Promptitude.
Giroflée violette — Sociabilité.
Giroflée rouge — Dépit.
Giroflée jaune — Préférence.
Giroflée double — Amour-propre.
Giroflée blanche — Simplicité, candeur.
Giroflier — Dignités.
Giroselle — Toute-puissance, volonté suprème.
Glaïeul — Défi, provocation.

Glycine — Votre amitié m'est douce et précieuse.
Graminées — Dévouement, utilité.
Grateron — Rudesse, mauvais vouloir.
Gratiole ou Herbe au pauvre homme — Remède dangereux.
Grenade (fruit) — Indiscrétion.
Grenadier (branche de feuilles sans fleur ni fruit) — Mauvaise foi, duplicité.
Grenadier (fleur) — Fatuité, suffisance.
Grenadille — Culte, croyance, religion.
Groseiller — Je vis heureux partout.
Gui — Je surmonte tous les obstacles.
Guimauve — Bienfaisance.

H

Hélénie — Pleurs.
Hélianthe — C'est vous seul que j'aime.
Hélichrise — Vous êtes éternellement belle.
Héliotrope — Je vous aime.
Herbe aux perles ou Gremil — Simple parure.

Hémérocale — Je persévère.
Hêtre — Prospérité.
Hortensia — Réputation déchue, gloire oubliée.
Houx — Résistance, prévoyance.
Hyacinthe ou Jacinthe — Jeux, divertissement.

I, J

If — Tristesse, chagrin, deuil.
Immortelle — A jamais, toujours.
Iris — Bonnes nouvelles.
Ivraie — Vice, méchanceté.
Ixia — Vous faites mon tourment.
Jasione — Source de richesses.
Jasmin — Amabilité.
Jasmin jaune — Bonheur.
Jérose — Soulagement à la souffrance.
Jonc fleuri — Vous m'attirez.
Jonc des champs — Docilité, souplesse.
Jonquille — Désir.
Joubarbe des toits — Je me contente de peu.

Jujubier — Votre présence adoucit mes peines.
Julienne — Je vous attends.
Julienne blanche — Ne nous séparons pas.
Julienne double — Bonheur de vous revoir
Julienne blanche et violette — Je vais vous quitter.
Julienne simple — On vous trompe.
Julienne rouge et lilas — Goût des voyages.
Julienne de Mahon — Je vous vois avec plaisir.
Julienne jaune — Amusez-vous.
Jusquiame — Répulsion.

K

Kalmie — Piége à craindre, prenez garde.
Kerrie ou Kerria — Je résiste à tout.

Ketmie ou Hibiscus — Ornement.
Kitaibèle — Beauté qui s'ignore.

L

Laiche — Perfidie.
Laitue — Refroidissement.
Lauréole ou Daphné (bois gentil) — Coquetterie, désir de plaire.
Laurier — Gloire.
Laurier amandier — Perfidie.
Laurier blanc — Candeur.
Laurier cerise — Orgueil.
Laurier rose — Douceur, beauté.
Lavande — Vertu.
Lianes — Nœuds indissolubles.

Lierre — Amitié éternelle.
Lilas — Première émotion d'amour.
Lilas rosé — Vanité.
Lilas blanc — Jeunesse.
Lin — Je sens vos bienfaits.
Lis — Majesté, souveraineté, pureté.
Liseron — Humilité.
Lotus — Beauté toujours nouvelle.
Lunaire ou monnaie du pape — Je vous attendrai ce soir.

Lupin varié — Vous rendez le calme à mon âme.

Lychnide - Coquelourde — Sans prétention.

Lychnide compagnon — Je ne puis vous quitter.

Lychnide dioïque — Ivrognerie.

Lycopode — Flamme ardente.

M

Mancenillier — Fausseté, tromperie.

Mandragore — Délire, fureur.

Marguerite (grande) — Oracle.

Marguerite blanche simple — Préférence.

Marguerite blanche double — Je partage vos sentiments.

Marguerite (petite) ou pâquerette. - Innocence.

Marguerite (reine) — Splendeur

Marjolaine — Toujours heureux.

Marronnier d'Inde — Luxe, richesse.

Matricaire — Passion violente, fureur d'amour.

Mauve — Douceur.

Mélèze — Audace.

Mélianthe — Repos.

Mélysse — Plaisanterie, gaieté.

Menthe poivrée — Chaleur de sentiment.

Mercuriale — Assoupissement, léthargie.

Mignardise — Enfantillage, grâces enfantines.

Millefeuille ou herbe de Saint-Joseph, ou au Charpentier — Soulagement.

Millepertuis — Je lis votre pensée au travers de vos paroles.

Miroir de Vénus — Grâces, attraits, charmes, beauté.

Mormordique piquante — Critique, mystification.

Monarde — Je brûle.

Morelle, Douce-Amère — Vérité.

Morgeline ou Mouron des oiseaux — Rendez-vous.

Mouron rouge — Je vous écoute.

Mousse — Amour maternel.

Muflier — Je me moque, je m'en ris.

Muguet blanc ou de mai — Retour du bonheur

Moutarde — Vous êtes cause de mes larmes

Mûrier blanc — Sagesse.

Mûrier noir — Je ne vous survivrai pas.

Myosotis — Ne m'oubliez pas.

Myrte — Amour.

Myrtille ou Airelle — Vous recherchez la solitude.

N

Narcisse — Amour de soi, vanité, égoïsme

Némophile — Pourquoi vous cachez-vous.

Nénuphar — Froideur.

Népenthès — J'oublie mes peines.

Nerprun — La mort est dans mon sein.

Nivéole du printemps — Consolation.

Noisetier — Promenade sentimentale.

Nopal ou cactus raquette — Défense, sécurité.

Noyer — Mauvais voisinage.

Noyer (branche avec des noix) — Je serai sérieux.

Nyctanthe — Rêverie mélancolique.

O

OEillet — Caprice.

OEillet simple — Amour vif.

OEillet blanc — Amour fidèle.

OEillet ponceau — Horreur.

OEillet jaune — Dédain.

OEillet incarnat — Réciprocité.

OEillet de poëte — Finesse.

OEillet panaché — Refus d'aimer.

OEillet girofle — Amour pur.

OEillet couleur de chair — Sensation.

OEillet rouge — Énergie.

Oignon — Larmes, pleurs.

Olivier — Paix, concorde.

Onagre ou OEnothère odorant à grandes fleurs — Ma reconnaissance surpasse vos soins.

Ophrys araignée — Adresse, patience.

Ophrys mouche — Erreur, tromperie.

Oranger — Générosité.

Oreille d'ours — Séduction.

Origan ou Dictame de Crète — Guérison, soulagement.

Orme — Rendez-vous manqué, promesse trompeuse.

Ornithogale épi de la Vierge — Pureté.

Orseille — Vous me faites rougir.

Ortie — Cruauté, douleur cuisante.

Osier — Franchise.

Oxalide — Votre souvenir s'est effacé de mon cœur.

Oxyanthe — Coquetterie, versatilité, caprice.

P

Paille brisée — Rupture.
Palmier — Lutte et victoire contre l'adversité.
Pancratier d'Illyrie — Affection.
Pariétaire — Laissez-moi dans ma médiocrité sinon prenez garde.
Parnassie — Contrariété d'amour.
Passe-rose ou Rose trémière — Plaisir doux.
Patience — Patience.
Pavot — Langueur, sommeil.
Pavot blanc — Sommeil du cœur.
Pavot noir — Léthargie.
Pavot panaché — Surprise.
Pavot rose — Vivacité.
Pavot rouge — Orgueil.
Pavot simple — Étourderie, indifférence.

Pensée — Souvenir.
Persil — Festin.
Pervenche — Doux souvenir.
Peuplier — Force, résistance.
Phlox — Je me plais où vous êtes.
Pied d'alouette — Légèreté.
Pin — Hardiesse.
Pissenlit — Oracle.
Pivoine — Vous me rendez le calme.
Platane — Grandeur, génie.
Poirier — L'éducation a développé vos bonnes qualités.
Pomme de terre — Utilité.
Pommier — Préférence, discorde.
Primevère — Première jeunesse.
Pyramidale — Orgueil.
Pyrole — Duperie, infidélité.

Q

Quassi — Reconnaissance.
Queue de cheval — Vous insistez en vain, vous perdez votre temps.

Quinoa — Prévoyance.
Quinquina — Santé.
Quintefeuille — Fille chérie.

R

Renoncule des jardins — Péril caché.
Renoncule scélérate — Méchanceté.
Réséda odorant — Vos qualités surpassent vos charmes.
Rhododendron — Premier aveu d'amour.
Romarin — Votre présence me ranime.
Ronce — Protection, bienveillance.
Rose — Éclat.
Rose à cent feuilles — Grâces.
Rose de Bengale — Complaisance.
Rose pompon — Gentillesse.

Rose blanche — Discrétion, silence.
Rose jaune — Infidélité.
Rose mousseuse — Amour, volupté.
Rose sans épine — Plaisir facile.
Rose flétrie — Beauté passée.
Rose blanche et Rose rouge — Feu du cœur.
Rose épanouie — Beauté passagère.
Roseau à massue — Musique.
Roseau plumeux — Indiscrétion.
Rudbekie — Vous êtes inconstant, changeant.

S

Sabot ou Chaussure de Vénus — Votre démarche est celle d'une déesse.
Scabieuse — Deuil, veuvage, fleur des veuves.
Sceau de Salomon — Sagesse, prudence.
Safran — N'abusez pas.
Sainfoin oscillant — Agitation.
Salicaire — Prétention à la beauté.
Sapin — Élévation.
Saponaire — Adoucissement aux peines.

Sauge — Santé.
Saule pleureur ou Saule de Babylone — Mélancolie, regrets.
Sensitive — Pudeur.
Seringat — Mon cœur est pénétré de vos bontés.
Sésame — Ouvrez-moi votre cœur.
Solidage — Séduction irrésistible.
Sorbier ou Cormier — Soyez patient, attendez.
Souci — Chagrin, peine.

T & U

Tamarin — Vous ne m'attraperez pas.
Tanaisie — Dehors trompeurs.
Thlaspi — Je brise les obstacles.

Thym — Vous embaumez l'air où vous respirez.
Tilleul — Amour conjugal.

Trompette du jugement dernier — Éter- Tulipe — Magnificence.
nité.   Utriculaire — J'attends l'instant propice.
Tubéreuse — Volupté.   Ulloa — Je compte sur vos services.

V

Valériane — J'en aurai la force.   Violette — Modestie, pudeur.
Valisnerie spirale — Amour coquet   Violette blanche — Innocence.
Verdure — Espérance, joie.   Violette jaune — Beauté passée.
Vernis du Japon ou Ailanthe — Bienfait   Violette double — Amitié réciproque.
du'ciel.   Violettes (bouquet de) entouré de feuilles
Véronique — Votre image est gravée   — Amour caché.
dans mon âme.   Volubilis — Caresses, mon cœur vous
Verveine — Inspiration, poésie.   embrasse, ma première pensée est à
Vigne — Ivresse, fureur, je perds la raison.   vous.

EXPLICATION DES BOUQUETS

Bouquet N° 1. — Ce fat m'impatiente avec sa légèreté.
— N° 2. — Le feu de vos regards a pénétré dans mon
cœur ; ayez pitié de moi.
— N° 3. — Je préfère un heureux repos aux tourments de
la puissance.
— N° 4. — Je désire vous épouser.
— N° 5. — J'aime, et n'oublie pas votre beauté et votre
amabilité.
— N° 6. — La délicatesse, la sincérité, la modestie et la
discrétion sont les liens de l'amitié.
— N° 7. — Votre coquetterie se moque de la sincérité de
mon affection.
— N° 8. — L'éclat de la fortune m'est indifférent.
— N° 9. — Je vous aime, vous m'abandonnez ; mes beaux
jours sont passés.

TABLE DES MATIÈRES

CHATILLON-SUR-SEINE. — IMPRIMERIE E. CORNILLAC